Vorwort der Herausgeber	3
Orthopädische Belastung und Beanspruchung im Radsport	5
Fallbeispiel	*9*
Literatur	*13*
Krafttrainingseffekte nach regenerativer Kaltwasserimmersion	15
Einleitung	*15*
Ermüdung und Regeneration im Trainingsprozess	*16*
Kaltwasserimmersion als regenerative Maßnahme im Sport	*19*
Methode	*22*
Ergebnisse	*26*
Diskussion	*29*
Schlussfolgerung	*31*
Literatur	*32*
Zu Entwicklungen leistungsbestimmender Funktionssysteme in der Leistungsdiagnostik von Triathleten im Mehrjahresverlauf	39
Trainingsqualität und -quantität als erfolgsdifferenzierende Merkmale im Triathlonnachwuchsbereich	43
Einleitung	*43*
Forschungslage im Triathlon	*45*
Methode	*48*
Ergebnisse	*52*
Diskussion und Schlussfolgerung	*54*
Literatur	*57*
Das Rad neu erfunden? Entwicklungen beim Krafttraining im Triathlon!	61
Einleitung	*61*
Die Teildisziplinen des Triathlons	*62*

Kraft und Kraftausdauer? 64
Langhanteltraining als zentrales Krafttrainingselement
66
Krafttraining als Präventionsfaktor! 66
Praktische Relevanz und Fazit 70
Literatur 71

Spannungsfeld „Immunsystem und Sport" 73
Aufgabenspektrum des Immunsystems 74
Problem der modernen immunologischen Forschung 75
Sport und Immunsystem - „die Dosis macht das Gift" 76
Take-home-Message 77

Talentsichtung im Triathlon – Ergebnisse einer sportartspezifischen Testbatterie 78
Einleitung und Hintergrund 78
Methoden und Tests 79
Ergebnisse 80
Diskussion und Ausblick 81
Literatur 82

Die Bedeutung der Kontaktzeiten im Ausdauersport 84
Triathlon über die Olympische Distanz mit einer Endzeit von 2.25 Stunden 87
AKS – die großen 3 des Ausdauersports: 93
Praxisbeispiele / Übungen 95
    Übungen zum Laufen 95
    Übungen zum Schwimmen 95
    Übungen zum Radfahren 96

Muskelabbau als Folge gesteigerter Trainingsumfänge im Ausdauersport 97

Literatur 99

Vorwort der Herausgeber

Aus dem Wunsch Fragestellungen rund um den Ausdauersport mit Trainern, Physiotherapeuten und Medizinern diskutieren zu können entwickelte sich die Idee ein interdisziplinäres Forum zu etablieren, bei dem eine Plattform entsteht, bei der Referenten aus Wissenschaft und Praxis verschiedene Aspekte des Ausdauersports diskutierten. Recht schnell entstand die Idee dafür zu sorgen Praxis und Wissenschaft an einem Ort zu versammeln, um die verschiedenen Entwicklungsansätze innerhalb des Ausdauersports gemeinsam zu erörtern. Im Jahr 2011 fiel der Startschuss für das 1. Sportmedizinische Symposium, bei dem das Thema „Radsport" die gemeinsame Überschrift für interessante Diskussionen lieferte. Die Fortsetzung 2012 erforderte ein neues Thema, aus dem Reigen der vielen spannenden Ausdauersportarten. Was lag näher als eine Sportart zu wählen, die verschiedene Facetten des Sport Treibens vereint. Triathlon erfreut sich großer Beliebtheit und bietet neben den bekannten Langstreckenrennen rund um Ironman und Challenge Serien auch viele kurze Rennen und Wettkampfstrecken. Sport- und Bewegung rücken auf der anderen Seite in den Fokus präventivmedizinischer Fragestellungen. In der Vorbereitung auf die Veranstaltung lagen einige Hindernisse auf unserem Weg, die wir glücklicherweise umschiffen konnten wie die drohende Insolvenz des Veranstaltungsortes – letztendlich gelang es jedoch eine harmonische Veranstaltung mit außerordentlichen Referaten und fruchtbaren Diskussionen. Schon jetzt freuen wir uns auf ein Wiedersehen im Jahr 2013!

Lutz Nitsche

Orthopädische Belastung und Beanspruchung im Radsport

Die Belastungen des Bewegungsapparates im Radsport sind äußerst vielfältig. Während die zyklische Ausdauersportart Radfahren im Triathlon eine, vor allem für den Oberkörper, eher statische Belastung ist, ist der Straßenradsports deutlich differenzierter zu betrachten. Tempo- und Sitzpositionswechsel sind wesentlich häufiger im Straßenradsport. Beim Triathlon, insbesondere auf der Langdistanz, wird meist über die gesamte Renndauer eine möglichst aerodynmische Position auf dem Aerolenker eingenommen. Im Mountainbike, v.a. im Downhill, sind die Belastungen noch einmal anders. Es kommt vor allem auf Gleichgewicht und Koordination und weniger auf die Langzeitausdauerleistungsfähigkeit an. Anders als im Triathlon und Straßenradsport ist der Mountainbike Downhill weniger eine zyklische Sportart. Die statische und koordinative Komponente überwiegt bei weitem.

Abhängig vom Streckenprofil werden im Profiradsport mittlere Wattleistungen von 220-300 Watt erreicht. Beim Zielsprint werden kurzfristig deutlich höhere Werte erzielt. Für die letzten 3 Minuten einer Etappe werden Leistungswerte im Mittel von 500-600 W beschrieben. In den letzten 5-8 Sekunden einer Straßenradsportetappe können Leistungen von 1500-1700 W von Sprintern der Weltklasse erzielt werden. Bei Bahnsprintern sind bis zu 2375 Watt beschrieben. Daten von Profisportlern beim Ironman Hawaii weisen mittlere Leistungswerte von 320 W über die 180 km auf, bei einer Fahrzeit von 4 Stunden 25.

Diese Werte aus dem Profiradsport der unterschiedlichen Disziplinen unterscheiden sich deutlich von denen der alltäglichen Rennsportpraxis im Amateur- und Nachwuchsbereich. Hierbei sind vor allem Kriterien in 90 bis zu 90 % der Rennveranstaltungen üblich. Ein Kriterium sind meist 50-70 Runden (Amateure C-Klasse) auf einem meist innerstädtischen Rundkurs mit 2-4 Kurven und einer Kurslänge von ca. 1 km. Dies bedeutet 200-250 Antritte. Diese Antritte werden mit Leistungen von 500-800 W über 3-5 Sekunden gefahren. Das im Profisport weit verbreitete Format des Straßenrennens mit Kilometerumfängen von 100-250 km, und einer deutlich geringeren Variation der Leistung, ist im Amateurbereich eine Seltenheit. Weiterhin bestehen deutliche Unterschiede ob am Anfang oder am Ende eines Feld gefahren wird. Es entsteht der so genannte „Ziehharmonikaeffekt" am Ende des Feldes. Dies bedeutet ein vermehrtes Anbremsen vor den Kurven und ein ausgeprägteres Beschleunigen nach der Kurve. An der Spitze des Feldes ist ein geringes Anbremsen und Beschleunigen im Kurvenbereich zu vermerken. Beim Anbremsen vor Kurven ist für einige Sekunden keinerlei Leistung auf dem Powermeter zu verzeichnen, während die Daten der Herzfrequenz nahezu unvermindert hoch bleiben. Diese deutlichen Unterschiede lassen sich nicht mit den Verlaufskurven der Geschwindigkeit oder der Herzfrequenz darstellen. Hierzu ist ein Leistungsmesser (Wattmesssystem) notwendig.

In der Literatur werden deutliche Unterschiede im muskulären Aktivierungsmuster von Radprofis, Triathleten und Anfängern beschrieben (4). Triathleten weisen eine deutlich größere Variation des EMG-Musters der Muskulatur der unteren Extremität auf. Unter anderen ist eine deutlich ausgeprägtere und variablere Aktivierung der Arbeitsmuskulatur zu beobachten. Dies kann als Anpassungserscheinung auf ein Training der triathletischen Disziplinen Schwimmen, Radfahren und Laufen gedeutet werden.

Radsport ist eine sehr gelenkfreundliche Sportart. Untersuchung zur Inzidenz und dem relativen Risiko einer Coxarthrose ergeben Werte von einem relativen Risiko von 0,4 im Vergleich zum Referenzkollektiv (2). Leider wurden in dieser Untersuchungen in die Kategorie Radfahren auch die Sportarten Schwimmen und Golfspielen eingeschlossen. Somit lassen sich keine differenzierten Aussagen über das alleinige Ausüben des Radsports bezüglich des Risikos Coxarthrose treffen.

Betrachtet man die Belastungen für den Bewegungsapparat so lassen sich mittels inverse Dynamik die Gelenkmomente für das Sprung-, Knie- und das Hüftgelenk ermitteln. Hierbei ist bei steigender Belastungen (75%, 90%, 100% der maximalen Leistung im Stufentest) vor allem ein steigendes Gelenkmoment für das Kniegelenk zu beobachten (2). Während Anfänger vor allem über die Muskulatur der Hüfte ihrer Leistung erbringen, sind routinierte Radsportler vor allem in der Lage die Leistung über das Kniegelenk zu absolvieren (2).

Untersuchungen von BRADBURY konnten zeigen dass allein die Sportart Radfahren nach einer endoprothetischen Versorgung des Kniegelenks verstärkt betrieben wird. Die anderen Sportarten wie zum Beispiel Golf und Tennis werden, im Vergleich zum Aktivitätsniveau vor der Operation, reduziert ausgeführt (3).

Biomechanische Modellversuche (in vitro) zeigen deutlich erhöhte Beanspruchungen für Knieprothesen beim Joggen im Vergleich zum Powerwalking und Joggen. Für das Fahrradfahren werden die niedrigsten Werte bei verscheiden Belastungen und Prothesen-/Inlayversionen ermittelt. Die Belastung lag beim Fahrradfahren unterhalb der Überbeanspruchungsgrenze der Knieprothese (3).

Mit der Methode der inversen Dynamik lassen sich Rückschlüsse auf Gelenkmomente ziehen. Hierbei werden Werte von externen Kraftsensoren (Bodendruckplatten, Pedalkraftmeßsysteme) mit den Videodaten von Hochgeschwindigkeitskameras gekoppelt. Anhand von Körpersegmentmodellen lassen sich Gelenkmomente und

Winkelgeschwindigkeiten des jeweils betroffenen Gelenkes bestimmen.

Wichtig bei der Interpretation der erhobenen Werte ist jedoch dass dieses Verfahren keine Messung der Gelenkmomente, sondern eine Modelrechnung ist. Anhand von extern erhobenen Daten der distalen Gelenke (Fuß- bzw. Handgelenke) werden Rückschlüsse auf weiter proximal gelegenen Gelenke (Knie- und Hüftgelenke) gezogen. Dies ist somit keine Messung der Gelenkmomente, sondern eine rechnerische Bestimmung anhand von Modellierungen. Dem Modell liegen generalisierte Aussagen von Körpersegmentmassen zu Grunde. Besonders dicke oder dünne, bzw. kleine oder große Menschen werden evtl. nur unzureichend von diesen Modellen erfasst. Weiterhin kann der Faktor der Kokontraktion der Agonisten und Antagonisten nicht quantifiziert werden.

Betrachtet man die Tangentialkraft während das Trittzyklus so ist vor allem ein Maximum bei 90° zu verzeichnen. Für die Gelenkmomente vom Sprung-, Hüft- und Kniegelenk sind jedoch andere Muster zu beobachten. Diese variieren von Gelenk zu Gelenk stark und sind an unterschiedlichen Stellen des Trittzyklus zu verzeichnen (6)

Fallbeispiel

Ein 71 jähriger Patient stellt sich mit einer seit rund 30 Jahren bestehenden Bewegungseinschränkung des linken Kniegelenkes und progredienten Schmerzen vor. Die Vorgeschichte besteht aus einer Multiligamentverletzung des linken Kniegelenk vor 30 Jahren. Initial erfolgte eine Ruhigstellung mittels Gips. Hierbei kam es zu einer Peroneusläsion mit seitdem bestehender Fußheberschwäche von 2/5 (Kraftgrad nach Janda). Nach Abschwellen erfolgte ein Versuch der komplexen Banrekonstruktion des linken Kniegelenks. Die Beweglichkeit des Kniegelenk betrug zum Zeitpunkt der Konsultation ROM Extension/Flexion 0/10/45°. Trotz dieser massiven Bewegungseinschränkung im Sinne eines kombinierten Beuge- und Streckdefizites war es dem Patienten möglich 2500 km pro Jahr auf dem Rad zu absolvieren. Darüber hinaus konnte die Teilnahme an 4 RTF's/Jahr verzeichnet werden. Möglich war dies nur mit einer speziellen Kurbelkonstruktion mit Doppelgelenk (Kurbelarmverkürzer der Firma Hase).

Beinlängendifferenzen (funktionelle und anatomisch-strukturelle) sind im Radsport eine große Problematik. Es kann mittels Platte zwischen Schuh und Pedal ein Ausgleich erfolgen. Es muss differenziert werden, ob die Fehlstellung vor allem funktionelle oder strukturelle Ursachen hat. Funktionelle Ursachen müssen gegebenenfalls beseitigt werden. Hier kann die manuelle Therapie, Chiropraktik und die Osteopathie wertvolle Dienste leisten. Bei strukturellen Defiziten der Beinlänge muss zwischen femoral und tibial lokalisierten Beinlängenunterschieden unterschieden werden. Tibiale Beinlängendifferenzen können mit einer Distanzplatte zwischen Schuh und Pedal ausgeglichen werden. Femorale Beinlängendifferenzen gegebenenfalls mit variierenden (rechts vs. links) Kurbellängen. Die Anpassung sollte schrittweise und nicht über das komplette Ausmaß der Beinlängendifferenz durchgeführt werden. Methodisch gute Studien zum Einfluss von Beinlängendifferenzen auf die Leistung im Radsport und die Entstehung von Überlastungssyndromen liegen nicht vor.

Betrachtet man die Häufigkeit von Überlastungsbeschwerden so haben Frauen häufiger Schulter-Nacken-Beschwerden. Dies liegt unter anderem an der geringeren absoluten und relativen Muskelmasse, bei jedoch größerer relativen Kopfmasse.

Untersuchungen bei professionellen Radsportlern zur Lokalisation von Überlastungsschäden zeigen dass die Bereiche des Rückens und des Kniegelenks führend sind. Überlastungsschäden im Lumbalbereich sind doppelt so häufig wie Überlastungssyndrome der Knieregion. Betrachtet man den Faktor Ausfallzeiten, so genannte time loss injuries, so sind dies vor allem Knieverletzungen. Rückenschmerzen sind deutlich häufiger als Kniebeschwerden führen jedoch seltener zu Ausfallzeiten (Rennen und Training). Überlastungsschäden sind in der Nebensaison deutlich vermindert. Bzgl. des saisonalen Verlaufes unterscheiden sich Knie und Rückenbeschwerden deutlich. Rückenschmerzen treten konstant im gesamten Saisonverlauf (Vorbereitungs- und Wettkampfphase I und II) auf. Knieschmerzen haben einen hohen peak in der Vorbereitungsperiode (im späten Winter und Frühjahr). In der Wettkampfperiode I und II nimmt die Häufigkeit zum Saisonhöhepunkt ab. Für den betreuenden Sportmediziner bedeutet dies besonders wachsam bei Veränderungen der Sitzposition, vor allem im Winter und im Frühjahr, zu sein. Ist einmal ein Schmerzsyndrom aufgetreten, so halten lumbale Beschwerden deutlich länger an als Kniebeschwerden.

Eine interessante Studie zur Vorermüdung des Rumpfes und deren Auswirkung auf die Amplitude der Gelenkwinkel der unteren Extremität zeigt Zusammenhänge. Es wurde ein 32minütiges Training mit einem Medizinball durchgeführt. 7 Übungen mit dem Schwerpunkt der Vorermüdung der Rumpfermüdung wurden durchgeführt. Es wurden alle Bewegungsebenen mit einbezogen. Das Programm bestand aus 4 Sätzen a40 Sekunden und 20 Sekunden Pause. Die Ergebnisse zeigten deutlich unterschiedliche Werte vor und nach dem Übungsprogramm mit dem Medizinball. Vor allem die Werte vom Knie- und Sprunggelenk differierten im prä- vs. post-Test-Vergleich. Die Bewegungsamplitude unterschied sich deutlich, und lag nach Rumpfvorbelastung im Mittel zwischen 8 und 14° höher als zuvor (1).

Alle Studien zum „core" müssen sich der Kritik der fehlenden Definition von „core" und der damit verbunden schlechten Vergleichbarkeit der bisher vorliegenden Studien unterziehen. Alleinige Kraftmessungen an isometrischen/isokinetischen Messsystemen besitzen zwar den Vorteil der Reproduzierbarkeit. Andererseits besteht meist das

Problem der fehlenden Übertragbarkeit einer apparativen Messung auf die jeweils ausgeübte Sportart. Faktoren wie z.B. eine erfolgte Beckenfixation (ja oder nein) sollte ebenfalls berücksichtigt werden. Funktionell gesehen darf die Kraft der Rückenextensoren nicht isoliert betrachtet werden. Vielmehr ist sie ein Teil der funktionellen Einheit der gesamten Streckerschlinge des Lenden-Becken-Hüftbereiches. In wieweit der konditionelle Zustand des Rumpfes („core") für eine Leistungsminderung von Radsportlern bei Schmerzen verantwortlich ist, kann zum jetzigen Zeitpunkt, anhand der bisherigen wissenschaftlichen Forschung nicht abschließend beurteilt werden.

Literatur

1 Abt JP, Smoliga JM, Brick MJ, Jolly JT, Lephart SM, Fu FH. Relationship between cycling mechanics and core stability. J Strength Cond Res. 2007 Nov;21(4):1300-4.

2 Bini RR, Diefenthaeler F. Kinetics and kinematics analysis of incremental cycling to exhaustion. Sports Biomech. 2010 Nov;9(4):223-35.

3 Bradbury N, Borton D, Spoo G, Cross MJ. Participation in sports after total knee replacement. Am J Sports Med. 1998 Jul-Aug;26(4):530-5.

4 Chapman AR, Vicenzino B, Blanch P, Hodges PW. Leg muscle recruitment during cycling is less developed in tri-

athletes than cyclists despite matched cycling training loads. Exp Brain Res. 2007 Aug;181(3):503-18.

5 Clarsen B, Krosshaug T, Bahr R. Overuse injuries in professional road cyclists. Am J Sports Med. 2010 Dec;38(12):2494-501.

6 Hoshikawa H, Takahshi K, Ohashi K, Tamaki K. Contribution of the ankle knee hip joints to mechanical energy in cycling. Posterabstract. XIth Congress of the International Society of BiomechanicsJuly 1-5, 2007, Taipei, Taiwan.

7 Kuster MS, Spalinger E, Blanksby BA, Gächter A. Endurance sports after total knee replacement: a biomechanical investigation. Med Sci Sports Exerc. 2000 Apr;32(4):721-4.

8 Vingard et al. in: Lequesne MG, Dang N, Lane NE. Sport practice and osteoarthritis of the limbs. Osteoarthritis Cartilage. 1997 Mar;5(2):75-86.

9 Wangerin M, Schmitt S, Stapelfeldt B, Gollhofer A Inverse Dynamics in Cycling Performance in: Advances in Medical Engineering, Springer 2007, 329-334.

10 Wilber CA, Holland GJ, Madison RE, Loy SF. An epidemiological analysis of overuse injuries among recreational cyclists. Int J Sports Med. 1995 Apr;16(3):201-6.

Fröhlich, M., Faude, O., Neubauer, J., Klein, M., Pieter, A., Emrich, e. & Meyer, T.

Krafttrainingseffekte nach regenerativer Kaltwasserimmersion

Einleitung

Ein zentrales Anliegen des leistungssportlichen Trainings besteht darin, die sportliche Leistungsfähigkeit im Rahmen des individuellen genetischen Potenzials zu optimieren. Dabei sollten spezifische Anpassungen induziert werden, welche auf verschiedenen Ebenen eine Optimierung der Belastungsreaktion ermöglichen, so dass Belastungen von größerer Intensität und kumulierter Häufigkeit ohne Gefährdung des Organismus bewältigt werden können. Aktuelle Ansätze zur Erklärung von Trainingswirkungen beruhen auf der Beobachtung, dass körperliche Belastungen zum einen funktionelle und strukturelle Anpassungen hervorrufen bzw. die körperlichen Leistungsvoraussetzungen verbessern, zum anderen aber auch zu einer temporären Ermüdung/Beanspruchung verschiedener Organsysteme (z.B. Herz-Kreislauf-System, hormonelle und immunologische Regulationsmechanismen etc.) bis hin zu

Überlastungs- und Übertrainingszuständen führen (Meeusen et al., 2006; Urhausen & Kindermann, 2002).

Das Niveau der aktuellen körperlichen Leistungsfähigkeit wird durch die Summe zweier Funktionen, aktuelles organisches Anpassungsniveau (Adaptationskapazität) und Beanspruchung/Ermüdung, bestimmt (Faude & Meyer, 2012; Fröhlich, 2012; Fröhlich, Emrich, & Büch, 2007). Für positive Leistungsentwicklungen ist es notwendig, dass die Anpassungen zeitlich nachhaltiger als die Ermüdungserscheinungen sind. Zu viele oder zu intensive Trainingsreize ohne adäquate Erholungsphasen führen zu einer kontinuierlichen Zunahme der Ermüdungsfunktion und somit einer Leistungsreduktion (Fröhlich, 2012). Somit ist die optimale Gestaltung von Belastung, Beanspruchung und Erholung die zentrale Regelgröße im sportlichen Trainingsprozess. Für die Trainingssteuerung ist es daher von fundamentalem Interesse, sowohl die induzierten Anpassungen als auch den Ermüdungs- und Erholungsprozess mit geeigneten Mitteln zu analysieren und zu beeinflussen (Faude & Meyer, 2012).

Ermüdung und Regeneration im Trainingsprozess

Ermüdung ist ein komplexes Konstrukt, das auf verschiedenen Ebenen und in unterschiedlichen Formen auftreten kann, wobei ein einheitliches Verhalten auf den verschiedenen Ebenen nicht zwangsläufig gegeben ist. In engem Zusammenhang mit der Ermüdung steht Erholung (Cochrane, 2004). Im Gegensatz zum Trainingsprozess selbst ist die empirische Datenlage zur optimalen Gestaltung von Regenerationsphasen und Möglichkeiten der Beeinflussung wie Massagen, Kompression, Ernährung, aktive Erholung, Kaltwasseranwendung etc. bislang lückenhaft und basiert eher auf anekdotischer Evidenz (Barnett, 2006; Cochrane, 2004; Faude & Meyer, 2012; Hing, White, Bouaaphone, & Lee, 2008; Wilcock, Cronin, & Hing, 2006).

Der Erholungsprozess kann pragmatisch als eine Umkehrung der vorausgegangenen trainingsinduzierten Ermüdung bzw. Beanspruchung gesehen werden (Barnett, 2006; Faude & Meyer, 2012). Mit Erholung ist aber nicht nur die passive Umkehrung von Abweichungen aus einem ursprünglichen Gleichgewicht gemeint, sondern sie umfasst auch aktive Prozesse zur Wiederherstellung psychischer und physiologischer Ressourcen. Es soll ein Zustand erreicht werden, der es dem Individuum erlaubt, seine Ressourcen wieder voll zu beanspruchen. Ein grundlegendes Problem von Untersuchungen zur regenerativen Effizienz einzelner Maßnahmen besteht allerdings in der Beurteilung der „Erholtheit" verschiedener Organsysteme (Barnett, 2006). Für die Trainingspraxis wäre es von großer Bedeutung, verlässlich messbare Kennwerte zu haben, welche die Beurteilung des aktuellen Beanspruchungs- und Erholtheitszustandes sowie der eingesetzten Erholungsmaßnahmen erlauben. Momentan existiert allerdings kein einzelner valider Parameter, um zu beurteilen, wann die Erholung des Organismus abgeschlossen ist, und wann somit der nächste (intensive) Trainingsreiz gesetzt werden kann (Faude & Meyer, 2012; Robson-Ansley, Gleeson, & Ansley, 2009; Urhausen & Kindermann, 2002).

Zusammenfassend ist festzuhalten, dass Ermüdungserscheinungen sowie die Phänomene wie Overreaching und Overtraining auf vielen verschiedenen Ebenen des Organismus ablaufen können und zunehmend Verfahren zur verbesserten Regeneration postuliert werden (Halson & Jeukendrup, 2004). Ein einheitliches Verlaufsschema scheint aufgrund der Datenlage derzeit jedoch nicht gegeben, obwohl seit längerer Zeit zum Trainingsmonitoring z.B. Harnstoff- und Creatinkinase-Daten erhoben und eingesetzt werden, welche jedoch wiederum zahlreichen Einschränkungen unterliegen (Urhausen & Kindermann, 1992). Zudem existiert bislang kein etabliertes einheitliches Modell, mit dem die der Regeneration zugrunde liegenden Mechanismen erklärt werden könnten. Aktuell werden daher multidimensionale Testpanels, die die aktuelle Beanspruchung auf verschiedenen organischen Ebenen beschreiben angewendet (u. a. Dokumentation der Trainingsbelastung und -beanspruchung, Leistungstests, psychometrische Fragebögen und Blut/Labortests) (Halson & Jeukendrup, 2004; Robson-Ansley et al., 2009).

Kaltwasserimmersion als regenerative Maßnahme im Sport

In vielen Sportarten ist es von wesentlicher Bedeutung, dass Athleten ihre Leistungsfähigkeit trotz hoher physischer und psychischer Belastungen über einen längeren Zeitraum aufrechterhalten können. Dies kann entweder in vorbereitenden intensiven Trainingsphasen oder, noch bedeutender, während mehrwöchiger intensiver Wettkampfphasen wie beispielsweise bei Turnieren in Spielsportarten oder Etappenrennen im Radsport, der Fall sein. Daher ist eine möglichst schnelle Regeneration zwischen den einzelnen intensiven Trainingseinheiten bzw. Wettkämpfen von wesentlicher Bedeutung.

Der Einsatz von Kaltwasserimmersion (KWI) in der akuten Nachbelastungsphase sowie zur Verringerung von Schwellungen, Ödembildung, Muskelkater (DOMS) und Unterdrückung inflammatorischer Prozesse im Rahmen der Therapie nach intensiven Trainingseinheiten (durch Eintauchen des ganzen Körpers oder von Körperteilen in kaltes Wasser) hat in diesem Kontext in den letzten Jahren eine große Popularität erreicht (Al Haddad, Parouty, & Buchheit, 2012; Bleakley & Davison, 2010; Brophy-Williams, Landers, & Wallman, 2011; Faude, Wegmann, Krieg, & Meyer, 2010; Halson, 2011; Hing et al., 2008; Leeder, Gissane, van Someren, Gregson, & Howatson, 2012).

In einigen Studien wurden kurzfristige Zeiträume bis zu 48 Stunden nach intensiver Belastung untersucht. Die Datenlage bei diesen kurzen Zeiträumen ist jedoch uneinheitlich. In zwei Studien wurden keine relevanten positiven Effekte einer KWI bei jugendlichen Spielsportlern beobachtet (King & Duffield, 2009; Kinugasa & Kilding, 2009). Diese Autoren vermuten, dass ein Tag auch ohne spezifische Maßnahmen ausreichend für eine adäquate Erholung nach einer einmaligen intensiven Belastung ist. Zwei weitere Studien (Ingram, Dawson, Goodman, Wallman, & Beilby, 2009; Lane & Wenger, 2004) fanden dagegen leicht positive Effekte auf Schnelligkeit, Kraft und die anaerobe Leistungsfähigkeit nach KWI im Vergleich zu einer Kontrollbedingung. Eine aktuelle Metaanalyse von Leeder et al. (2012) zeigte, dass KWI die muskuläre Beanspruchung als auch einen Leistungsabfall, sowohl im Schnellkraft als auch im Ausdauerbereich, nach intensiven Belastungen verringern kann. Aussagen zu langfristigen Anpassungen stehen jedoch noch aus.

Studien, welche längere Zeiträume (3 bis 5 Tage) mit wiederholten intensiven Belastungen untersuchten, kamen ebenfalls zu widersprüchlichen Befunden. Während in einer Untersuchung positive Effekte einer KWI (jeweils nach den intensiven Belastungen) auf verschiedene Schnelligkeits- und Schnellkraftparameter beobachtet wurden (Montgomery et al., 2008), fanden andere Autoren wie Rowsell, Coutts, Reaburn und Hill-Haas (2009) keine positiven Effekte einer KWI bei einem 4-tägigen Fußballturnier auf Schnelligkeit und Sprungkraft.

Vaile, Halson, Gill und Dawson (2008) führten eine randomisiert kontrollierte „cross over"-Studie mit 12 Radsportlern durch und beobachteten einen positiven Effekt der KWI auf die Leistungsfähigkeit bei wiederholten Sprints sowie in einem 9-minütigen Zeitfahren über einen Zeitraum von fünf Tagen. Paddon-Jones und Quigley (1997) untersuchten den Verlauf der Erholung der Kraftfähigkeiten nach einem einmaligen erschöpfenden exzentrischen Krafttraining der Ellenbogenbeuger. Diese Autoren fanden keinen positiven Effekt einer KWI hinsichtlich der Erholung der isokinetischen Kraftentfaltung der Ellenbogenbeuger innerhalb der sechs Tage nach dem Training.

In einer Studie von Yamane et al. (2006) wurden sogar geringere Trainingsanpassungen im Ausdauer- und Kraftbereich bei untrainierten, gesunden Studenten nach KWI gefunden. Das Ausdauertraining fand auf dem Fahrradergometer statt, das Krafttraining bestand aus Übungen für die Unterarmmuskulatur. Jeweils eine der beanspruchten Extremitäten wurde nach jeder Trainingseinheit in kaltem Wasser gekühlt, die andere Extremität nicht. Das Training dauerte zwischen vier und sechs Wochen. Sowohl für die Ausdauer als auch für die Kraftausdauer wurden unter der Kontrollbedingung größere Trainingseffekte beobachtet. Die Autoren folgern, dass trainingsinduzierte zelluläre und humorale Veränderungen sowie myofibrilläre Mikrotraumen wesentliche Trigger für Anpassungserscheinungen sind. Kälteapplikation kann diese Vorgänge unterdrücken und so die beabsichtigten Adaptationen verringern.

Zusammenfassend kann man konstatieren, dass die wissenschaftliche Datenlage zu regenerativen Effekten einer KWI heterogen ist. Untersucht wurden hauptsächlich Spielsportarten über einen Zeitraum von maximal einer Woche und bei diesen im Wesentlichen Parameter zur Beurteilung von Schnelligkeit und Schnellkraft. Aufbauend auf der mangelnden empirischen Evidenz zu möglichen Einschränkungen der Trainingsanpassung nach KWI, war es Zielstellung der vorliegenden Studie zu untersuchen, wie sich eine KWI auf die Veränderung der Maximalkraft bei trainierten Personen über einen längeren Zeitraum auswirkt.

Methode

Versuchspersonen

An der Untersuchung nahmen insgesamt 17 gesunde männliche Studenten mit einer mindestens 6-monatigen Krafttrainingserfahrung teil. Das durchschnittliche Alter lag bei 23.5 ± 2.4 Jahren. Das Körpergewicht betrug 76.5 ± 8.7 kg mit einem Körperfettanteil von 13.9 ± 3.8 % (Hautfaltendicke mittels Calipermessung 13.4 ± 7.2 mm). Die Studienteilnahme erfolgte freiwillig und ohne finanzielle Vergütung. Die Probanden wurden vor Studienbeginn schriftlich über den Studienverlauf, mögliche Risiken und vermutete Trainingsanpassungen informiert und gaben ihre Einwilligung. Alle Trainings- und Testeinheiten wurden im Kraftraum des Olympiastützpunkt Rheinland-Pfalz/Saarland durchgeführt.

Studiendesign und Testdurchführung

Das Studiendesign wurde als within-design (die einzelne Versuchsperson ist sowohl Treatment- als auch Kontrollgruppe) mit Messwiederholung konzipiert. Nach einer einleitenden zweiwöchigen Gewöhnungsphase (3 Termine zur Gewöhnung an das Krafttraining sowie an die KWI (Fröhlich & Marschall, 2001)), folgten die eigentliche fünfwöchige Krafttrainingsphase sowie eine zweiwöchige Detrainingsphase. Nach der Gewöhnungsphase fand der erste Testtermin als Eingangstest (T1) statt. Der Ausgangstest (T2) wurde im Anschluss an die Trainingsphase durchgeführt. Nach der Detrainingsphase fand ein Überdauerungstest (T3) statt. Das Training der vorderen Beinstreckmuskulatur (einbeiniger Beincurl) fand an zwei festen Terminen pro Woche zur gleichen Uhrzeit statt. Somit sollte die Regenerationszeit konstant gehalten werden (Fröhlich & Schmidtbleicher, 2008). Zu T1, T2 und T3 wurde sowohl die konzentrische Maximalkraft (1-RM) als auch die Last beim 12-RM-Test jeweils einbeinig nach dem Protokoll von Baechle und Earle (2008) bestimmt. Test- und Trainingsgeräte waren identisch um mögliche gerätespezifische Übertragungsverluste auszuschließen. Vor dem Test oder Training wurden die Geräte auf die individuellen anthropometrischen Voraussetzungen angepasst.

Krafttraining

Das fünfwöchige Krafttraining wurde an einem Beincurl (gym80 International Gelsenkirchen Deutschland) mit definierter Bewegungsgeschwindigkeit (metronomgesteuert; 2 Sekunden konzentrisch und 2 Sekunden exzentrisch pro Wiederholung) und konstanter Bewegungsreichweite (ROM) im Kniegelenk (Beugung 90° und Streckung 170° Kniewinkel) ausgeführt. Vor dem eigentlichen Krafttraining fand eine 5-minütigen Erwärmung auf dem Radergometer mit ca. 60-70 Umdrehungen pro Minute bei 150 Watt statt. Es wurde jeweils eine Beinseite trainiert, während die andere Seite pausierte. Zwischen den jeweils 3 Serien pro Bein lag eine Serienpause von 3 Minuten in der das jeweils andere Bein trainiert wurde. Die Belastung lag bei 8-12 Wiederholungen bis zur Ausbelastung pro Serie (progressive Belastungssteigerung im Trainingszeitraum). Konnten mehr als 13 Wiederholungen realisiert werden, wurde die Last in der nächsten Trainingseinheit erhöht. Begonnen wurde immer mit dem Kühlbein. Die Einteilung in Kühlbein und Nichtkühlbein erfolgte nach dem Eingangstest anhand des 1-RM in gleich viele dominante und nichtdominante Beine. Die Aufteilung war nahezu homogen (Kühlbein rechts n = 10 und Kühlbein linke n = 7).

Kaltwasserimmersion

Nach jedem Krafttraining wurde direkt im Anschluss auf der vorher definierten Beinseite eine KWI durchgeführt. Die Kühlung setzte sich aus drei vierminütigen Kühlintervallen zusammen. Das andere Bein wurde nicht gekühlt (Raumtemperatur 20-23° C). Die Wassertemperatur der KWI betrug 12.0 ± 1.5°C (Wilcock et al., 2006). Um die Wassertemperatur möglichst konstant zu halten, wurde vor der Kühlung das Wasser durchmischt. Den einzelnen Kühlintervallen wurde jeweils eine 30-sekündige Pause zwischengeschaltet. Die KWI wurde auf das komplette Bein angewendet. Dabei stieg die Versuchsperson bis zum Beckenkamm in eine Kühltonne mit Eiswasser. Das andere Bein wurde außerhalb der Kühltonne ruhig abgelegt.

Statistische Auswertung

Die deskriptive und inferenzstatistische Auswertung wurde mit dem Statistikprogramm SPSS 18.0 durchgeführt. Die statistische Unterschiedsprüfung zwischen Kühlbein und Nichtkühlbein erfolgte mittels ANOVA und Messwiederholung (Zeitfaktor: T1 vs. T2 vs. T3; Intervention: Kühlung vs. keine Kühlung). Die Normalverteilungsprüfung wurde mit dem Kolmogorow-Smirnow-Test durchgeführt. Die Varianzhomogenität (Sphärizität) wurde durch Mauchley-Test geprüft. Zur Abschätzung der praktischen Bedeutsamkeit eines Treatmenteffekts wurde die Effektstärke anhand η_p^2 bestimmt. Effektstärken von $\eta_p^2 > 0.01$ sind als klein, $\eta_p^2 > 0.06$ als mittel und $\eta_p^2 > 0.14$ als groß zu interpretieren (Cohen, 1969). Als kritische Irrtumswahrscheinlichkeit wurde $P < 0.05$ festgelegt. Da die Studie Pilotcharakter hat, wurden P Werte zwischen 0.05 und 0.1 als Trend interpretiert.

Ergebnisse

1-RM und 12-RM konnten vom Eingangstest (T1) zum Ausgangs- und Überdauerungstest signifikant gesteigert werden. Die Last beim 12-RM Test stieg zusätzlich vom Ausgangs- zum Überdauerungstest signifikant an (Tabelle 1). Zwischen gekühltem und nicht gekühltem Bein konnte ein tendenzieller Effekt gefunden werden, wobei die nicht Kühlbeinseite größere Anpassungseffekte zeigte.

Tabelle 1: Veränderung von 1-RM und 12-RM bei Kühlbein und Kontrollbein sowie teststatistische Werte

		T1	T2	T3	ANOVA		
		M (SD)	M (SD)	M (SD)	Zeit	Bein	Zeit * Bein
1-RM [kg	Kühlbein	88.0 (13.7)	94.4 (13.5)	95.3 (13.2)	$P < 0.001$	$P = 0.08$	$P = 0.11$
	Kontroll-	88.7	96.7	97.9	$\eta_p^2 =$	η_p^2	η_p^2

]	bein	(14.1)	(14.0)	(14.0)	0.55		= 0.18	= 0.13
12-RM [kg]	Kühlbein	49.4 (6.7)	56.8 (7.7)	57.9 (8.6)	P p $<$ 0.001	$P =$ 0.08	$P =$ 0.09
	Kontroll-bein	49.4 (6.6)	57.4 (7.5)	58.7 (8.5)	$\eta_p^2 =$ 0.63	$\eta_p^2 =$ 0.18	$\eta_p^2 =$ 0.14

Aus Abbildung 1 kann die prozentuale Veränderung sowohl für die konzentrische Maximalkraft (1-RM) als auch für die Last beim 12-RM Test entnommen werden.

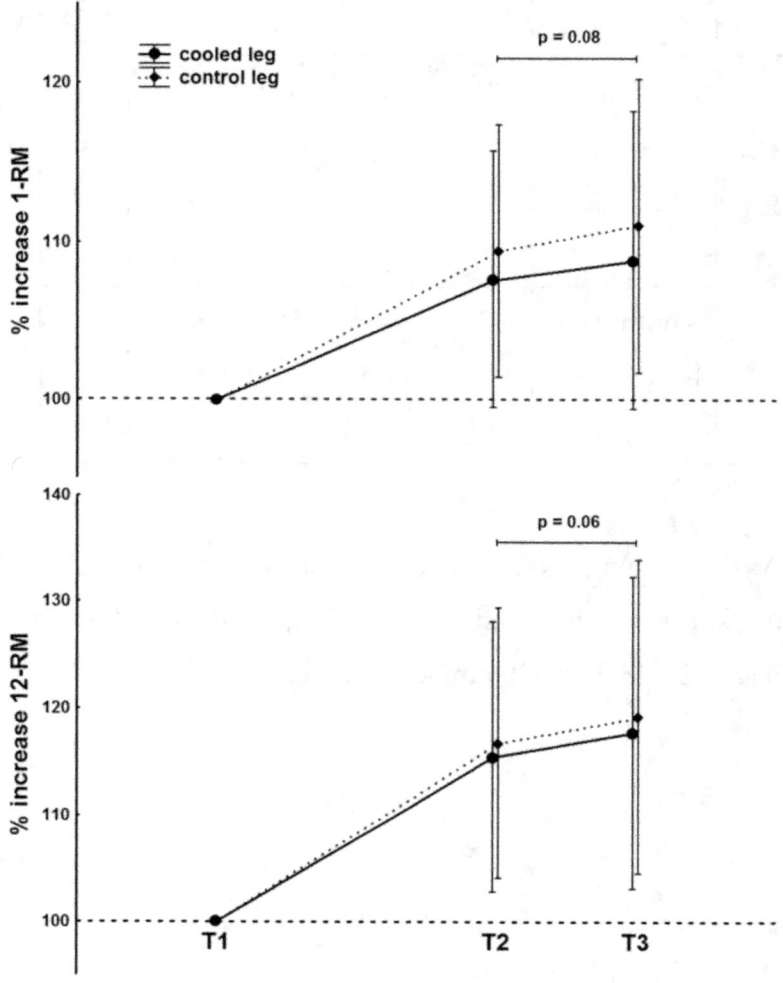

Abbildung 1: Prozentuale Veränderung von 1-RM und 12-RM von T1 zu T2 zu T3

Diskussion

Aus den Studienergebnissen kann geschlussfolgert werden, dass durch das Krafttraining eine signifikante Leistungssteigerung der konzentrischen Maximalkraft (1-RM) und der Last im 12-RM-Test bei bereits krafttrainingserfahren Studenten erreicht werden kann. Auf der Kühlbeinseite konnte das 1-RM von Eingangs- zu Überdauerungstest um 8.2% und auf der Nichtkühlbeinseite um 10.3% gesteigert werden. Zum Ausgangs- und Überdauerungstest konnte zwischen den Beinen mit KWI und ohne KWI ein signifikanter Unterschied beim 12-RM Test sowie beim 1-RM Test im Überdauerungstest festgestellt werden. Die nicht gekühlte Seite zeigte jeweils höhere Steigerungen der Kraft sowohl im 1-RM Test als auch im 12-RM Test durch das Krafttraining. Somit stehen die Ergebnisse im Einklang mit den Untersuchungen von Yamane et al. (2006, 578) welche ausführen, dass nach dem Training durchgeführte KWI eher nachteilige Effekte auf Trainingsanpassungen erzielen. "This difference suggests the conclusion that post-exercise cooling is an adverse treatment from the viewpoint of physical training." Erklärt wird dieser Umstand damit, dass die durch Krafttraining induzierten Mikroschäden und zellulären und humoralen Prozesse innerhalb der Skelettmuskulatur als Voraussetzung für die Reparaturprozesse, die Regeneration von Muskelfasern, Aktivierung von Satellitenzellen etc. unterdrückt werden. Durch eine Senkung der Muskeltemperatur in Folge eines solchen regenerativen Kühlverfahrens wie der Eiswasserimmersion werden diese adaptiven Prozesse gestört bzw. unterbunden, sodass es zu einer Verzögerung anstatt einer angestrebten Verbesserung der muskulären Leistungsfähigkeit kommt (Yamane et al, 2006). Barnett (2006) verweist darauf, dass inflammatorische Prozesse für die Reparatur geschädigter Muskelstrukturen als auch für die Adaptation während der Erholung eine zentrale Rolle spielen und Maßnahmen, welche diese unterbinden eher kontraindiziert sind. Als weiterer Erklärungsansatz für die geringere Trainingsanpassung der gekühlten Beinseite kann der Umstand angesehen werden, dass KWI die Nervenleitgeschwindigkeit, die Feuerungsrate der Muskelspindeln und die Reflexantwort negativ beeinflusst (Cochrane, 2004).

Al Haddad et al. (2012) konnten nachweisen, dass sich eine tägliche fünfminütige KWI bei hoch trainierten Schwimmern in einer gesteigerten Parasympathikus-Aktivität in Ruhe und in einer besser eingeschätzten Schlafqualität sowie im subjektiven Wohlbefinden niederschlägt. Die Effekte können für 24 bis 72 Stunden nachgewiesen werden. Des Weiteren kommt es zu einer geringeren Laktatkonzentration, da eine gesteigerte Durchblutung der beanspruchten Muskulatur nach KWI den Laktatabbau positiv begünstigt. Inwieweit das Laktat selbst wiederum als Trainingsstimulus auf Zellebene fungiert wird derzeit diskutiert (Spurway & Wackerhage, 2006). Somit wird auch von Al Haddad et al. (2012) darauf verwiesen, dass langfristige Anpassungen durch KWI negativ beeinflusst sein können und an dieser Stelle noch Forschungsbedarf besteht.

Inwieweit neben der applizierten Kälte der einwirkende hydrostatische Druck per se auf der gekühlten Beinseite für die geringeren Kraftsteigerungen verantwortlich ist kann anhand dieser Studie nicht abschließend geklärt werden. Prinzipiell kommt es beim Eintauchen des Körpers oder von Körperteilsegmenten aufgrund des einwirkenden hydrostatischen Drucks zu einem gesteigerten Transport von Stoffwechselmetaboliten (z.B. Laktat) aus dem Muskelgewebe sowie zu einer verringerten neuromuskulären Aktivität (Wilcock et al., 2006).

Schlussfolgerung

Aus den Studienergebnissen kann vorsichtig geschlussfolgert werden, dass bei trainierten Sportstudierenden mit hinreichender Krafttrainingserfahrung nach einer KWI eher geringere Anpassungseffekte resultieren. Somit gilt es ökonomisch rational, die positiven kurzfristigen Effekte der Regeneration im Hinblick auf die geringeren längerfristigen Anpassungseffekte abzuwägen (Fröhlich, 2012). Inwieweit die durch Krafttraining induzierten Auslenkungen durch KWI verringert werden, gilt es zukünftig verstärkt unter Kosten-Nutzen-Abwägungen zu untersuchen. Ebenso inwieweit die Ergebnisse auf Leistungssportler übertragen werden können und inwieweit diese Ergebnisse eine praktische Bedeutsamkeit für den Leistungssport haben. Letztendlich gilt es die physiologischen Mechanismen der reduzierten Adaptation zu ergründen.

Literatur

Al Haddad, H., Parouty, J., & Buchheit, M. (2012). Effect of daily cold water immersion on heart rate variability and subjective ratings of well-being in highly trained swimmers. *International Journal of Sports Physiology and Performance, 7*(1), 33-38.

Baechle, T. R., & Earle, R. W. (2008). *Essentials of strength training and conditioning* (Vol. Third Edition). Champaign, Ill: Human Kinetics.

Barnett, A. (2006). Using recovery modalities between training sessions in elite athletes: does it help? *Sports Medicine, 36*(9), 781-796.

Bleakley, C. M., & Davison, G. W. (2010). What is the biochemical and physiological rationale for using cold-water immersion in sports recovery? A systematic review. *British Journal of Sports Medicine, 44*(3), 179-187.

Brophy-Williams, N., Landers, G., & Wallman, K. (2011). Effect of immediate and delayed cold water immersion after a high intensity exercise session on subsequent run performance. *Journal of Sports Science and Medicine*(10), 665-670.

Cochrane, D. J. (2004). Alternating hot and cold water immersion for athlete recovery: a review. *Physical Therapy in Sport, 5*(1), 26-32.

Cohen, J. (1969). *Statistical power analysis for the behavioral sciences.* New York, London u. a.: Academic Press.

Faude, O., & Meyer, T. (2012). Regeneration im Leistungssport. *Leistungssport, 42*(3), 5-11.

Faude, O., Wegmann, M., Krieg, A., & Meyer, T. (2010). *Kälteapplikation im Spitzensport.* Köln: Sportverlag Strauß.

Fröhlich, M. (2012). Überlegungen zur Trainingswissenschaft. *Sportwissenschaft, 42*(2), 96-104.

Fröhlich, M., Emrich, E., & Büch, M.-P. (2007). Grenzerträge auch im Sport! Erste Überlegungen zur ökonomischen Betrachtung trainingswissenschaftlicher Probleme. Ein Beitrag zu einer Ökonomie der Trainingswissenschaft. *Sportwissenschaft, 37*(3), 296-311.

Fröhlich, M., & Marschall, F. (2001). Entwicklung eines Verfahrens zur Bestimmung der isometrischen und konzentrischen Maximalkraft. In H.-A. Thorhauer, K. Carl & U. Türck-Noack (Eds.), *Muskel-Ermüdung. Forschungsansätze in der Trainingswissenschaft* (Vol. Bundesinstitut für Sportwissenschaft, Bd. 16, pp. 119-125). Köln: Sport und Buch Strauß.

Fröhlich, M., & Schmidtbleicher, D. (2008). Trainingshäufigkeit im Krafttraining - ein metaanalytischer Zugang. *Deutsche Zeitschrift für Sportmedizin, 59*(2), 34-42.

Halson, S. L. (2011). Does the time frame between exercise influence the effectiveness of hydrotherapy for recovery? *Journal of Sports Physiology and Performance, 6*(2), 147-159.

Halson, S. L., & Jeukendrup, A. E. (2004). Does overtraining exist?: An analysis of overreaching and overtraining research. *Sports Medicine, 34*(14), 967-981.

Hing, W. A., White, S. G., Bouaaphone, A., & Lee, P. (2008). Contrast therapy - A systematic review. *Physical Therapy in Sport, 9*(3), 148-161.

Ingram, J., Dawson, B., Goodman, C., Wallman, K., & Beilby, J. (2009). Effect of water immersion methods on post-exercise recovery from simulated team sport exercise. *Journal of Science and Medicine in Sport, 12*(3), 417-421.

King, M., & Duffield, R. (2009). The effects of recovery interventions on consecutive days of intermittent sprint exercise. *Journal of Strength and Conditioning Research, 23*(6), 1795-1802.

Kinugasa, T., & Kilding, A. E. (2009). A comparison of post-match recovery strategies in youth soccer players. *Journal of Strength and Conditioning Research, 23*(5), 1402-1407.

Lane, K. N., & Wenger, H. A. (2004). Effect of selected recovery conditions on performance of repeated bouts of intermittent cycling separated by 24 hours. *Journal of Strength and Conditioning Research, 18*(4), 855-860.

Leeder, J., Gissane, C., van Someren, K., Gregson, W., & Howatson, G. (2012). Cold water immersion and recovery from strenuous exercise: a meta-analysis. *British Journal of Sports Medicine, 46*(4), 233-240.

Meeusen, R., Duclos, M., Gleeson, M., Rietjens, G., Steinacker, J., & Urhausen, A. (2006). Prevention, diagnosis and treatment of the overtraining syndrome. *European Journal of Sport Science, 6*(1), 1-14.

Montgomery, P. G., Pyne, D. B., Hopkins, W. G., Dorman, J. C., Cook, K., & Minahan, C. L. (2008). The effect of recovery strategies on physical performance and cumulative fatigue in competitive basketball. *Journal of Sports Sciences, 26*(11), 1135-1145.

Paddon-Jones, D. J., & Quigley, B. M. (1997). Effect of cryotherapy on muscle soreness and strength following eccentric exercise. *International Journal of Sports Medicine, 18*(8), 588-593.

Robson-Ansley, P. J., Gleeson, M., & Ansley, L. (2009). Fatigue management in the preparation of Olympic athletes. *Journal of Sports Sciences, 27*(13), 1409-1420.

Rowsell, G. J., Coutts, A. J., Reaburn, P., & Hill-Haas, S. (2009). Effects of cold-water immersion on physical performance between successive matches in high-performance junior male soccer players. *Journal of Sports Sciences, 27*(6), 565-573.

Spurway, N., & Wackerhage, H. (2006). *Genetics and molecular biology of muscle adaptation.* Edinburgh, London, New Yort u.a.: Churchill Livingstone Elsevier.

Urhausen, A., & Kindermann, W. (1992). Biochemical monitoring of training. *Clinical Journal of Sport Medicine, 2*(1), 52-61.

Urhausen, A., & Kindermann, W. (2002). Diagnosis of overtraining: what tools do we have? *Sports Medicine, 32*(2), 95-102.

Vaile, J., Halson, S., Gill, N., & Dawson, B. (2008). Effect of cold water immersion on repeat cycling performance and thermoregulation in the heat. *Journal of Sports Sciences, 26*(5), 431-440.

Wilcock, I. M., Cronin, J. B., & Hing, W. A. (2006). Physiological response to water immersion: a method for sport recovery? *Sports Medicine, 36*(9), 747-765.

Yamane, M., Teruya, H., Nakano, M., Ogai, R., Ohnishi, N., & Kosaka, M. (2006). Post-exercise leg and forearm flexor muscle cooling in humans attenuates endurance and resistance training effects on muscle performance and on circulatory adaptation. *European Journal of Applied Physiology, 96*(5), 572-580.

Thomas Moeller

Zu Entwicklungen leistungsbestimmender Funktionssysteme in der Leistungsdiagnostik von Triathleten im Mehrjahresverlauf

Eine Hauptaufgabe der Leistungsdiagnostik besteht in der Erfassung wichtiger Leistungsvoraussetzungen. Anhand deren Entwicklung im individuellen Längsschnitt über mehrere Jahre lassen sich im Zusammenhang mit dem absolvierten Training Rückschlüsse zur Trainierbarkeit sowie zur Trainingswirksamkeit ziehen (Letzelter & Letzelter, 1983; Schnabel, Harre & Krug, 2008). Dieses Vorgehen soll beispielhaft anhand des Übergangs vom Anschluss- zum Hochleistungstraining männlicher Triathleten in der Teildisziplin Lauf dargestellt werden. Es handelt sich um Triathleten im Leistungsbereich der nationalen Spitze auf der olympischen Distanz.

Die Protokollierung des Trainings erfolgte mit Hilfe einer Dokumentation in Microsoft Excel. Die Leistungsdiagnostik im Lauf bestand aus einem Dauerlaufstufentest über 4x

4.000 m sowie einem Mobilisationstest bis zur Ausbelastung. Es wurden Trainings- und Leistungsdaten im Alter von 18 und 24 Jahren gegenüber gestellt (abhängige Stichprobe). Die Prüfung auf Mittelwertsunterschiede erfolgte mit dem t-Test. Zur Quantifizierung der Unterschiede wurden Mittelwertsdifferenzen und Effektgrößen berechnet (Fröhlich & Pieter, 2009).

Der Gesamttrainingsumfang im Alter von 18 Jahren (± 0,6) betrug 780 h (± 153). Er wurde auf 1.044 h (± 129) bis zum Alter von 24 Jahren (± 1,8) gesteigert. Der Lauftrainingsumfang lag anfangs bei 2.042 km (± 553) und wurde auf 3.339 km (± 772) gesteigert. Dies entsprach einer mittleren jährlichen Steigerungsrate von ca. 10 %. Innerhalb des Lauftrainings entfielen 86 % des Trainings auf extensive aerobe Dauerläufe. Der Anteil des Dauerlauftrainings im Bereich des aerob-anaeroben Übergangs betrug 4 %. Der Anteil der Tempoläufe mit Intervallmethode bei überwiegend anaerober Stoffwechsellage lag bei 5 %. Ca. 4 % wurden im Rahmen von Wettkämpfen absolviert. 1 % entfiel auf das Training der Schnelligkeit, der Schnellkraft und der Kraftausdauer (z. Bsp. Steigerungsläufe, Bergan-läufe).

In Tabelle 1 sind die Entwicklungen in verschiedenen Parametern der Laufleistungsdiagnostik ausgewiesen. Der Leistungszuwachs im Dauerlaufstufentest betrug ca. 2 % pro Jahr. Dies traf auch auf den Zuwachs bezogen auf die 3 mmol/l-Schwelle (v L3) zu. Die Steigerung der Maximalleistung im Mobilisationstest lag bei ca. 1 % pro Jahr. Damit verringerte sich die Differenz zwischen der Leistung im Mobilisations- und Dauerlaufstufentest. Die absolute VO_{2max} wurde gesteigert. Die relative VO_{2max} blieb aufgrund der Körpermassenzunahme gleich. Die maximalen Herzfrequenzen und Laktatwerte nahmen signifikant ab.

Variable bzw. Parameter	Test 1		Test 2		Tendenz	Effekt größ d
	MW	SD	MW	SD		
Probandendaten						
Alter [Jahre]	18,3	1,3	24,3	2,5	+	4,8
Körpergewicht [kg]	70,1	4,9	74,0	4,4	+	0,8
Parameter des Mobilisationstests (Start 4,5 m/s; nx 30 s; 0,25 m/s; bi						
v max Mobi [m/s]	6,6	0,1	6,9	0,2	+	2,8
HF max Mobi [min-1]	199	9	194	8	-	-0,6
La max Mobi [mmol/l]	10,8	2,5	8,5	1,6	-	-0,9
VO2 max [ml/min]	5.052	358	5.353	351	+	0,8
VO2 max rel [ml/min/kg]	72,6	3,6	72,4	3,7	=	
Parameter des Dauerlaufstufentests (4x 4.000 m; 0,25 m/s						
v max Stufe [m/s]	4,75	0,10	5,39	0,17	+	6,2
v L3 [m/s]	4,54	0,25	5,08	0,21	+	2,2
AAE 4,75 m/s [l/min]	31	4	26	3	-	-1,4
AMV 4,75 m/s [l/min]	131	23	110	16	-	-0,9
O2 4,75 m/s [ml]	4.233	364	4.231	310	=	
O2 rel 4,75 m/s [ml/min/kg]	60,4	3,5	57,2	3,4	-	-0,9
% VO2max 4,75 m/s [%]	83,8	3,8	79,2	5,3	-	-1,2
La 4,75 m/s [mmol/l]	4,5	1,3	2,0	0,5	-	-1,8
HF 4,75 m/s [min-1]	192	7	168	12	-	-3,2

Tab. 1. Entwicklung der Parameter der Leistungsdiagnostik im Laufen im individuellen Vergleich der Männer über einen mittleren Zeitraum von ca. sechs Jahren (n = 11)

Bei submaximaler Belastung von 4,75 m/s im Dauerlaufstufentest zeigte sich, dass Atemäquivalent (AAE), Atemminutenvolumen (AMV), relative O_2-Aufnahme, prozentuale Ausnutzung der VO_{2max}, Laktat und Herzfrequenz deutlich abnahmen. Die gezeigten Veränderungen bestätigen die gute Trainierbarkeit der aeroben Ausdauer. Weiterhin zeigt sich die hohe Wirksamkeit des absolvierten Trainings hinsichtlich dieser Fähigkeit sowie in Bezug zur positiven Entwicklung der Gesamtleistung im Lauf. Der Rückgang der maximalen Laktatwerte sowie die Verringerung der Differenz zwischen der Mobilisations- und Dauerleistung liefern Hinweise zu Stagnation, Rückgang bzw. geringeren Entwicklung des anaeroben Stoffwechsels. Ursache dafür könnte die weniger gute Trainierbarkeit der anaeroben Ausdauer sein (Hollmann & Hettinger, 1986; Neumann & Schüler, 1994). Es sollte jedoch auch die Wirksamkeit des Trainings zur Entwicklung bzw. Erhaltung der anaeroben Ausdauer kritisch diskutiert und das Trainingssystem ggf. korrigiert werden. Dabei sollten auch zukünftige Entwicklungen der Leistungsstruktur in der Sportart Triathlon aufgrund der zunehmenden Bedeutung von Staffel- und Sprintwettkämpfen berücksichtigt werden.

Fröhlich, Michael, Pieter, Andrea & Emrich, Eike

Trainingsqualität und -quantität als erfolgsdifferenzierende Merkmale im Triathlonnachwuchsbereich

Einleitung

Bisherige Untersuchungen zur Wirkung von Handlungsempfehlungen der Rahmentrainingspläne (RTP) der Spitzenverbände sowie zu deren prognostischer Validität im Hinblick auf Erfolge im Aktivenbereich konnten zeigen, dass einerseits nur wenige Kaderathleten die Minimalvorgaben der Rahmentrainingspläne in Bezug auf Trainingsumfänge in Kilometern oder Trainingsstunden umsetzen und andererseits sowohl Athleten mit hoher als auch niedriger wöchentlicher Trainingszeit die internationale Spitze im Junioren- als auch im Erwachsenenbereich erreichen können (Emrich & Pitsch, 1998; Güllich, Pitsch, Papathanassiou & Emrich, 2000; Güllich, Papathanassiou, Pitsch & Emrich, 2001; Emrich & Güllich, 2005; Güllich & Emrich, 2012). So gibt es nach Güllich et al. (2000) keine empirischen Belege dafür, dass das Erfüllen der Vorgaben der RTP für sportliche Erfolge eine notwendige Voraussetzung wäre, noch dass höhere Abweichungen von den RTP Vorgaben mit geringerem Erfolg einhergingen. Emrich, Pitsch, Güllich, Klein, Fröhlich, Flatau et al. (2008) konnten des Weiteren zeigen, dass zwischen juveniler Trainingsquantität und späterem Erfolg kein systematischer erfolgsdifferenzierender Zusammenhang besteht. Erste empirische Studien zur Trainingsqualität und -quantität u. a. in den Sportarten Rudern (Fiskerstrand & Seiler, 2004) und Bahnradsport (Sandig, Schmidtbleicher, Emrich & Güllich, 2005) konnten ebenfalls nachweisen, dass die Trainingsquantität im Nachwuchsleistungssport kein hinreichend valider Prädiktor für die Erfolgswahrscheinlichkeit im Aktivenbereich darstellt (Emrich et al., 2008). Im Gegensatz dazu scheint es Unterschiede in der Trainingsqualität zwischen erfolgreichen und weniger erfolgreichen Athleten zu geben (Güllich, Seiler & Emrich, 2009). So berichten Sandig et al. (2005), dass einerseits Training im Bahnradsport interindividuell sehr stark variiert und andererseits „zwischen der juvenilen Trainingsquantität und dem späteren Erfolg „international erfolgreicher" und „national erfolgreicher" Athleten (…) kein systematischer Zusammenhang besteht" (Sandig et al., 2005, S. 10). Im Hinblick auf die Qualitätsdimension des Trainings – spezifiziert in intensive und weniger intensive Trainingseinheiten – lässt sich resümieren, dass sich die beiden Gruppierungen nur im Bereich des kompensativen Trainings unterschieden. In diesem Bereich trainieren trotz geringerem Gesamttrainingsumfang vermehrt die international erfolgreichen und weniger die auf nationaler Ebene erfolgreichen Athleten. Für die Sportart Rudern wurden von Güllich, Seiler und Emrich (2009) die Trainingsmethoden und Trainingsumfänge deutscher Athleten der Jugendnationalmannschaft analysiert und, wie bei Fiskerstrand und Seiler (2004), erfolgreiche mit weniger erfolgreichen Athleten verglichen. Die Ergebnisse implizieren ebenfalls, dass internationale Finalteilnehmer (Weltmeisterschaften, Olympische Spiele) mehr Kilometer im Kompensationsbereich und im Bereich der höchsten Intensität absolviert haben als die auf nationaler Ebene erfolgreichen Athleten. Außerdem haben später erfolgreiche Athleten im Jugendalter häufiger im niedrigen Intensitätsbereich trainiert. Insgesamt wurde bei der Analyse der Trainingsaufzeichnungen herausgestellt, dass 52 % der Trainingsinhalte spezifisches Rudertraining darstellen und die restlichen 48 % des Trainings mit Kraft- und Athletiktraining, Joggen, Spielen und Warm-up verbracht werden.

Forschungslage im Triathlon

Weber (2005) zeigte u. a., dass die Verweildauer im Nachwuchskadersystem des Triathlons 2,3 ± 1,6 Jahre beträgt. Zudem wurde herausgefunden, dass alle A-Kader zuvor im B-Kader waren. Inwieweit dieser Befund durch das hierarchische Fördersystem implizit vorgegeben wird, bleibt bei Weber (2005) jedoch undiskutiert. Andererseits ist zu diagnostizieren, dass auch im Triathlon erfolgreiche Athleten im Erwachsenenbereich später in die Nachwuchsförderung eingestiegen sind. Demnach gibt es sowohl

Normkarrieren, Normal- als auch Späteinsteiger sowie erfolgreiche Quereinsteiger aus anderen Sportarten, explizit aus dem Schwimm- bzw. Laufbereich, welche erfolgreiche Leistungen auf nationalem und internationalem Niveau zeigen (Weber, 2005). Darauf aufbauend haben Bürgi et al. (2010) anhand von Wettkampfergebnissen zu erklären versucht, inwieweit Ergebnisse im Juniorenbereich Prädiktoren dafür sind, dass man sich im Weltcup etablieren kann. Implizit geht es hierbei um die Fragen a) inwieweit es Prädiktoren gibt, die zukünftige Erfolge erklären und b) inwieweit der Übergang vom Junioren- in den Aktivenbereich gelingt (z.B. Dropoutrate, Anschlusskader, Verbandsförderung im Nachwuchsleistungssport etc.). Die Autoren kamen zu dem Ergebnis, dass eine Platzierung unter den ersten Fünf bei Junioren-Weltmeisterschaften einen guten Prädiktor darstellt. Des Weiteren scheint eine Top 10. Platzierung bei den männlichen U23-Weltmeisterschaftsteilnehmern als starker Prädiktor auszumachen zu sein. Unberücksichtigt hierbei bleibt jedoch, dass bereits erfolgreiche und durch das Fördersystem unterstütze Athleten mit höherer Wahrscheinlichkeit weiterhin erfolgreich sind, da sie einerseits bestimmte leistungsphysiologische Selektionsmerkmale aufweisen (Talent) und andererseits bereits ein hohes Maß an trainingsspezifischen, morphologischen und physiologischen Adaptationen erfolgt ist (Training). In diesem Kontext soll auf weitere vermutete leistungsphysiologische und biomechanische Parameter wie beispielsweise VO_{2max}, Laufökonomie, Tretfrequenz etc. als leistungsdifferenzierende Determinanten nicht näher eingegangen werden (vgl. u. a. Bentley, Millet, Gregoire, Vleck & McNaugthon, 2002; Dengel, Flynn, Costill & Kirwan, 1989; Knechtle & Kohler, 2009). Des Weiteren soll auch nicht auf den Einfluss der einzelnen Disziplinen im Hinblick auf das Gesamtwettkampfergebnis sowie auf die Platzierung nach den einzelnen Etappen Bezug genommen werden (Fröhlich, Klein, Pieter & Emrich, 2008a; Fröhlich, Klein, Pieter, Emrich & Gießing, 2008b; Sandig, Fröhlich, Klein, Pieter, Emrich & Gießing, 2008). Eine aktuelle Studie von Vollmer (2010) konnte anhand von protokollierten Trainingsaufzeichnungen von Nachwuchstriathleten aus zwei Landesverbänden und der Nationalmannschaft feststellen, dass sich die Landesverbände in der Umsetzung und Einhaltung der Rahmentrainingspläne im Hinblick auf Trainingsquantität (bewältigte Kilometer bzw. Trainingsstunden pro Woche als auch Gesamtumfang in Kilometer und Stunden) sehr deutlich unterscheiden und nur in den seltensten Fällen die Vorgaben des RTP des Spitzenverband umgesetzt werden. Lediglich die Athleten des Nachwuchskaders der Deutschen Triathlon Union bewegen sich in der Nähe der Vorgaben des Spitzenverbandes in den Disziplinen Schwimmen, Radfahren und Athletiktraining. Darüber hinaus lassen sich in den Altersklassen der Jugend B und Jugend A (14-17-jährige Triathleten) Erfolge mit deutlich geringeren Umfängen erzielen als es der RTP des Verbandes vorgibt (Vollmer, 2010, S. 63). Aufbauend auf diesen ersten Ergebnissen war es Zielstellung der vorliegenden Studie, zu untersuchen, inwieweit es zwischen erfolgreichen und weniger erfolgreichen Nachwuchstriathleten Unterschiede im Hinblick auf die Umsetzung der Trainingsquantität und -qualität gibt.

Methode

Versuchspersonen

Als Datengrundlage diente die protokollierte Aufzeichnung der Trainings- und Wettkampfdaten eines kompletten Jahres (Untersuchungszeitraum 2005/06 bis 2008/09) von 58 Athleten zweier Landesverbände sowie der Juniorennationalmannschaft (Jugend B [N = 7], Jugend A [N = 21] und Junioren [N = 30]). Da sich die meisten Datensätze nur auf die Angaben zu 45 protokollierten Trainingswochen bezogen, wurden die Vorgaben des 48-wöchigen RTP auf 45 Wochen relativiert (vgl. Tabelle 1 und Tabelle 2).

Tabelle 1: *Modifizierte und auf 45 Wochen umgerechnete Jahrestrainingskennziffern laut Rahmentrainingsplan aus dem Nachwuchstrainingskonzept*

Altersbereich	Jahre	Trainingszeit (h)	Schwimmen (km)	Rad (km)	Laufen (km)	Athletik (h)
Junioren	19	891	797	65	2344	167

Altersbereich	Jahre	Trainingszeit (h)	TE/ Woche	Schwimmen (km)	Rad (km)	Laufen (km)	Athletik (h)
	Jahre			62			
	18 Jahre	844	750	5625	2109		150
Jugend A	17 Jahre	750	703	4688	1641		131
	16 Jahre	609	609	3750	1172		113
Jugend B	15 Jahre	563	563	2813	938		113
	14 Jahre	469	469	2344	750		94

Tabelle 2: Auszug aus dem Rahmentrainingsplan der Deutschen Triathlon Union für den langfristigen Leistungsaufbau (modif. n. DTU, 2004, S. 57)

					)		
Junioren	19 Jahre	950	16	850	7000	2500	180
	18 Jahre	900	14	800	6000	2250	160
Jugend A	17 Jahre	800	14	750	5000	1750	140
	16 Jahre	650	12	650	4000	1250	120
Jugend B	15 Jahre	600	10	600	3000	1000	120
	14 Jahre	500	8	500	2500	800	100

Das durchschnittliche Alter der Athleten betrug 17,3 Jahre. Als erfolgreich klassifiziert wurden Athleten, welche im Untersuchungsjahr eine Top 10 Platzierung bei den Deutschen Jugendmeisterschaften (DJM) und/oder eine Teilnahme an einer internationalen Meisterschaft (Jugendeuropameisterschaften (JEM), Jugendweltmeisterschaften (JWM)) nachweisen konnten [N = 32]. Als nicht erfolgreich [N = 26] eine DJM Platzierung ≥ 11 und keine internationale Meisterschaft. Diese Vorgehensweise der Erfolgsdifferenzierung wurde in Analogie des Deutschen Olympischen Sportbundes (DOSB) für die Bewertung von Wettkampfergebnissen gewählt. Neben den dokumentierten Trainingsumfängen in Stunden bzw. Kilometer wurde die Trainingsqualität (intensive vs. weniger intensive Trainingseinheiten) für die einzelnen Disziplinen sowie für das Athletiktraining erhoben. Weniger intensive Trainingseinheiten wurden kategorisiert als Trainingseinheiten welche vorwiegend im aeroben Stoffwechselbereich (< 2 mmol/l Laktat) lagen (GA1 u. KO), während als intensive Trainingseinheiten GA1-2, GA2, WSA festgelegt wurden. Nach Neumann, Pfützner und Berbalk (2005, S. 153) sollen im Triathlon die folgenden Belastungsverteilungen umgesetzt werden: Kompensationsbereich (7 %), Grundlagenausdauer 1 (69 %), Grundlagenausdauer 2 (19 %), Wettkampfausdauer und Schnelligkeitsausdauer (5 %).

Statistische Auswertung

Damit die unterschiedlichen Altersklassen miteinander verglichen werden konnten, wurden zunächst die Kennziffern aus dem RTP für die jeweiligen Jahrgänge als Referenzwert mit 100 % festgesetzt (vgl. Tabelle 1 und Tabelle 2). Die Einteilung in erfolgreiche und weniger erfolgreiche Athleten wurde anhand der Online Datenbankseite des IAT Leipzig aufgrund der Wettkampfergebnisse bei DJM, JEM und JWM vorgenommen. Die Trainingsumfänge (km) und bewältigte Stunden (h) wurden nach Prüfung der entsprechenden Voraussetzungen (Normalverteilung, Homogenität der Varianzen) mittels ANOVA mit dem Statistikprogramm SPSS 16.0 auf signifikante Effekte geprüft.

Ergebnisse

Zwischen den erfolgreicheren und den weniger erfolgreichen Athleten bestehen keine statistisch signifikanten Unterschiede in der Trainingsquantität der einzelnen Disziplinen Schwimmen, Rad und Laufen sowie im Athletiktraining und im Gesamttrainingsumfang, wobei etwas höhere Trainingsumfänge von den erfolgreicheren Athleten absolviert werden. Der Gesamttrainingsumfang liegt bei den Erfolgreicheren um ca. 8 % höher (Laufen: 74.4 % vs. 63.0 %) und entspricht ca. 72 % der Vorgaben des RTP (Abbildung 1). Die weniger erfolgreichen Athleten trainieren insgesamt mehr im intensiven Trainingsbereich (Schwimmen: erfolgreich 16.0 % vs. weniger erfolgreich 28.4 %; Rad: erfolgreich 7.2 % vs. weniger erfolgreich 16.6 %; Laufen: erfolgreich 14.7 % vs. weniger erfolgreich 17.7 %).

Bezüglich der intensiven Trainingseinheiten konnten im Schwimmen und Rad fahren zwischen erfolgreichen und weniger erfolgreichen Athleten signifikante Unterschiede festgestellt werden.

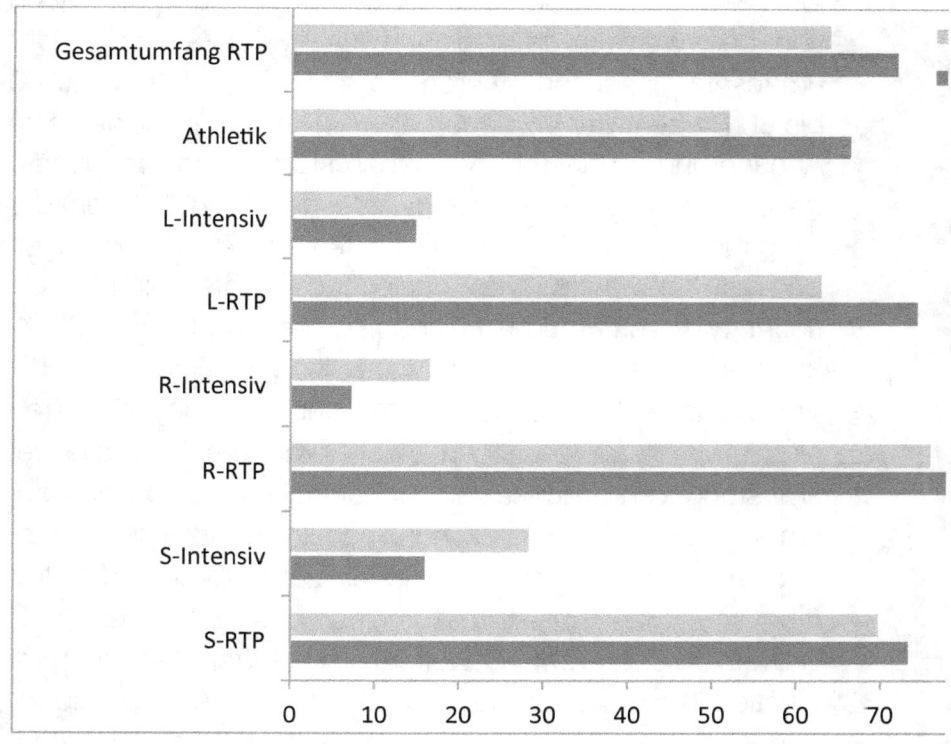

Abbildung 1: Trainingsumfang in Prozent in den einzelnen Disziplinen in Relation zu den Vorgaben des Rahmentrainingsplans der DTU bei erfolgreichen und weniger erfolgreichen Athleten

Diskussion und Schlussfolgerung

Als zentrale Ergebnisse können subsumiert werden: Die Vorgaben des Rahmentrainingsplans der Deutschen Triathlon Union werden sowohl von den erfolgreichen als auch von den weniger erfolgreichen Nachwuchsathleten nicht umgesetzt. Insgesamt werden je nach Disziplin nur ca. 60 bis 80 Prozent der Vorgaben des RTP erfüllt. Inwieweit eine Annäherung an die RTP Vorgaben stärker erfolgsbegünstigend wäre oder inwieweit gerade das Nicht-Erfüllen der Vorgaben die nationalen und internationalen Leistungen bedingt, kann anhand der vorliegenden Daten nicht untersucht werden. Emrich, Fröhlich, Güllich und Klein (2004) konnten in diesem Zusammenhang jedoch zeigen, dass die Verletzungswahrscheinlichkeit mit der Erhöhung des Trainingsumfangs ansteigt und eine individuelle Schwelle der Belastungsverträglichkeit in Abhängigkeit vom Trainingsumfang vorliegt. Darüber hinaus scheint weniger der geleistete Trainingsumfang – individuell zu bestimmende Umfangsschwellen müssen natürlich umgesetzt werden – als vielmehr die Erprobung weiterer Sportarten, ein späterer Einstieg in die eigentliche Hauptsportart sowie in ein sportartspezifisches Training und eine spätere Spezialisierung erfolgsbegünstigend für langfristige Erfolge, d. h. für den Aktivenbereich, zu sein (Güllich & Emrich, 2012).

Dem Trainingsumfang als geleistete Stunden bzw. bewältigte Kilometer im Sinne einer Quantitätsdimension kommt im Triathlonnachwuchsbereich somit keine erfolgsdifferenzierende Bedeutung per se zu. Bezüglich der Trainingsqualität scheinen höhere Trainingsanteile im niedrigintensiven Bereich (GA1) erfolgsförderlich zu sein (Güllich, Seiler & Emrich, 2009), da sich hier deutliche Unterschiede nachweisen lassen. Jedoch besteht im Gegensatz zur Trainingsquantität als relativ leicht zu bestimmender Dimension bei der Trainingsqualität die Problematik, dass Qualität immer eine von außen zugeschriebene Eigenschaft darstellt und durch normative Urteile des Betrachters bestimmt wird (Emrich, Prohl & Brand, 2006). So ist alleine die Bestimmung von Qualität ein je nach Betrachtung unterschiedlich ausfallender Prozess, in den individuelle Präferenzen und normative Wertannahmen einfließen (Harvey & Green, 2000). Im vorliegenden Ansatz wurde Trainingsqualität operational als „intensive" bzw. „weniger intensive" Trainingseinheit anhand der metabolischen Beanspruchung definiert. Hierbei besteht jedoch das Dilemma, dass anhand der Laktatkonzentration (< 2mmol/l) bzw. der Zuordnung in GA1 und Kompensationstraining oder größer 2 mmol/l Laktat bzw. GA1-2, GA2 und WSA auf individueller Ebene eine differierende Einschätzung vorliegen kann, inwieweit die Trainingseinheit als „intensiv" oder „weniger intensiv" wahrgenommen wurde. Somit bedarf die Betrachtung von Trainingsqualität einer weiterführenden Beschäftigung. Subsumiert man den kompletten Triathlon auf die Disziplinebene, scheint sowohl der Trainingsqualität als auch der Trainingsquantität im Laufbereich eine siegentscheidende Bedeutung zu zukommen (Fröhlich et al., 2008a, 2008b).

Letztendlich muss man jedoch konstatieren, dass die individuelle Gewichtung von Trainingsquantität und -qualität in der Interaktion mit den drei Einzeldisziplinen sowie weiterer Trainingsmaßnahmen im Kompensationsbereich und Athletiktraining eine höchst variable Angelegenheit darstellt, die sich im zeitlichen Verlauf sowie in der Konkurrenz zu Mitbewerben verschieben kann. Daher ist die Sportpraxis gut beraten, möglichst variantenreich unterschiedliche Lösungsansätze zuzulassen und durch trainingswissenschaftliche, experimentelle Studien den Handlungskorridor an den Rändern einzugrenzen (Fröhlich, 2012).

Danksagung

Die Autoren möchten sich bei Herrn René Göhler für die Bereitstellung und Aufarbeitung des Datensatzes bedanken.

Literatur

Bentley, D. J., Millet, Gregoire P., Vleck, V. E. & McNaugthon, L. R. (2002). Specific aspects of contemporary triathlon: implications for physiological analysis and performance. *Sports Medicine, 32* (6), 345-359.

Bürgi,A., Steiner, T., Spadin, D. & Hunziker, M. (2010) Internationale Karriere-Entwicklung Top-Ten-platzierter Triathleten bei den Junioren-Weltmeisterschaften 2002 bis 2006. *Leistungssport, 40* (6), 40-43.

Dengel, D. R., Flynn, M. G., Costill, D. L. & Kirwan, J. P. (1989). Determinants of success during triathlon competition. *Research Quarterly for Exercise and Sport, 60* (3), 234-238.

Deutsche Triathlon Union (Hrsg.). (2004). *Nachwuchstrainingskonzept der Deutschen Triathlon Union*. Hamburg: Spomedis GmbH.

Emrich, E. & Güllich, A. (2005). *Zur Produktion sportlichen Erfolges. Organisationsstrukturen, Förderbedingungen und Planungsannahmen in kritischer Analyse.* Köln: Sport und Buch Strauss.

Emrich, E. & Pitsch, W. (1998). Die Qualitätserhöhung als entscheidende Größe des modernen Nachwuchsleistungssports. *Leistungssport, 28* (6), 5-11.

Emrich, E., Fröhlich, M., Güllich, A. & Klein, M. (2004). Vielseitigkeit, verletzungsbedingte Diskontinuitäten, Betreuung und sportlicher Erfolg im Nachwuchsleistungs- und Spitzensport. *Deutsche Zeitschrift für Sportmedizin, 55* (9), 237-242.

Emrich, E., Pitsch, W., Güllich, A., Klein, M., Fröhlich, M., Flatau, J., et al. (2008). Spitzensportförderung in Deutschland - Bestandsaufnahme und Perspektiven. *Leistungssport, 38* (1), Beilage 1-20.

Emrich, E., Prohl, R. & Brand, S. (2006). "Mündige Ästheten" in einer "lernenden Organisation". Anregungen zur Qualitätsentwicklung im Nachwuchsleistungssport. *Sportwissenschaft, 36* (4), 417-432.

Fiskerstrand A. & Seiler K. S. (2004). Training and performance characteristics among Norwegian International Rowers 1970-2001. *Scandinavian Journal of Medicine and Science in Sports 14* (5), 303-310.

Fröhlich, M. (2012). Überlegungen zur Trainingswissenschaft. *Sportwissenschaft, 42* (2), 96-104.

Fröhlich, M., Klein, M., Pieter, A. & Emrich, E. (2008a). Ökonomische Betrachtungen zur Wettkampfstruktur im olympischen Triathlon – ein explorativer Ansatz. *Leistungssport, 38* (5), 42-46.

Fröhlich, M., Klein, M., Pieter, A., Emrich, E. & Gießing, J. (2008b). Consequences of the three disciplines on the overall result in olympic-distance triathlon. *International Journal of Sports Science and Engineering, 2* (4), 204-210.

Güllich, A. & Emrich, E (2012). Considering long-term sustainability in the development of world class success. *European Journal of Sport Science* (1-15). doi: 10.1080/17461391.2012.706320 (online first)

Güllich, A., Papathanassiou, V., Pitsch, W. & Emrich, E. (2001). Kaderkarrieren im Nachwuchs- und Spitzensport – Altersstruktur und Kontinuität. *Leistungssport, 31* (4), 63-71.

Güllich, A., Pitsch, W., Papathanassiou, V. & Emrich, E. (2000). Zur Rolle von Trainingsempfehlungen im Nachwuchsleistungssport. Teil 1: Das synthetische a priori im Leistungssport. *Leistungssport, 30* (5), 45-52.

Güllich, A., Seiler, S. & Emrich, E. (2009). Training methods and intensity distribution of young world-class rowers. *International Journal of Sports Physiology and Performance, 4* (4), 448-460.

Güllich, A.; Emrich, E.: Considering long-term sustainability in the development of world class success. In: European Journal of Sport Science, 2012, Online first, 25. July 2012. DOI:10.1080/17461391.2012.706320

Harvey, L. & Green, D. (2000). Qualität definieren. Fünf unterschiedliche Ansätze. *Zeitschrift für Pädagogik, 41* (Beiheft), 17-39.

Knechtle, B. & Kohler, G. (2009). Running performance, not anthropometric factors, is associated with race success in a Triple Iron Triathlon. *British Journal of Sports Medicine, 43* (6), 437-441.

Neumann, G., Pfützner, A. & Berbalk, A. (2005). *Optimiertes Ausdauertraining*. Aachen: Meyer & Meyer Verlag.

Sandig, D., Fröhlich, M., Klein, M., Pieter, A., Emrich, E. & Gießing, J. (2008). Consequences of swim, cycle, and run performance on the overall result in Olympic-distance triathlon. In J. Cabri, F. Alves, D. Araújo, J. Barreiros, J. Diniz & A. Veloso (Eds.), *Book of Abstracts of the 13th Annual Congress of the European College of Sport Science – 9.-12.07.2008* (pp. 450-451). Estoril, Portugal.

Sandig, D., Schmidtbleicher, D., Emrich, E. & Güllich, A. (2005). Zur Funktionalität von Rahmentrainingsplänen im Leistungssport – erste Ergebnisse am Beispiel des Bahnradsports. *Leistungssport, 35* (6), 8-12.

Vollmer, B. (2010). *Überprüfung der Rahmentrainingsdaten der Deutschen Triathlonunion*. Unveröffentlichte Staatsexamensarbeit. Saarbrücken: Sportwissenschaftliches Institut.

Weber, S. (2005). Kaderkarrieren im Triathlon. *Leistungssport, 35* (6), 13-17.

Dennis Sandig

Das Rad neu erfunden? Entwicklungen beim Krafttraining im Triathlon!

Die Sportart Triathlon zählt aufgrund ihrer verschiedenen Teildisziplinen Schwimmen, Radfahren und Laufen zu den trainingsintensivsten Ausdauerbelastungen überhaupt. Vor allem für die IRONMAN-Langdistanz (3,8km, 180,2km, 42,2km) und die Halbdistanz IRONMAN 70.3 stellt die konditionelle Fähigkeit Ausdauer und speziell die aerobe Grundlagenausdauer einen dominierenden Trainingsparameter dar, der signifikanten Einfluss auf die Wettkampfleistung hat. Zunehmend setzt sich die Erfahrung durch, dass auch weitere Parameter wie die Kraftfähigkeit und auch die Schnelligkeit wichtige Leistungsreserven darstellen können. Deutlich wird dies in Publikationen zum Triathon[1,2].

Einleitung

Krafttraining wirkt[3,4] - allerdings werden oftmals unscharfe Trainingsinhalte als Krafttraining bezeichnet. Grundlegend müssen die dimensionalen Strukturen der Kraft und die entsprechenden Physiologischen Anpassungemöglichkeiten Berücksichtugung finden. Möglich ist dies insbesondere mit dem klassischen Langhanteltraining. Dabei werden neben der Kraft in der Bewegungsmuskulatur sondern auch die Koordination gesteigert sowie die Rumpf- und Hüftstabilisatoren intensiv aktiviert. Gerade in Ausdauersportarten kann Krafttraining zur als Leistungsreserve dienen,so dass Athleten ihre individuelle Leistungsfähigkeit maximal ausschöpfen können. Für Radsportler sind aufgrund der Wettkampfbeanspruchung mit Antritten, Sprints und Ausreißversuchen wesentlich direktere Wirkungen eines Krafttrainings zu erwarten. Bei Triathleten hingegen muss die Wirkung eines Krafttrainings differenzierter betrachtet werden. In Abhängigkeit von der Streckenlänge sind direkte leistungssteigernde Effekte von geringerer Bedeutung. Dies liegt daran, dass auf der Langdistanz im Wesentlichen die Energiebereitstellung als leistungslimitierender Faktor betrachtet werden muss. Gleichwohl wirkt Krafttraining in allen Triathlondisziplinen[1].

Die Teildisziplinen des Triathlons

Das Schwimmen spielt im Triathlon eine gesonderte Rolle. Prägten in den ersten Jahren zunächst Schwimmer den Triathlonsport, zeigt sich zunehmend, dass dem Laufen im Hinblick auf das Gesamtergebnis die größte Bedeutung zukommt[5]. Beim Schwimmen kann ein Triathlet selten den Wettkampf vorentscheidend Beeinflussen. Komplexe Langhantelübungen, trainieren die Rumpfmuskulatur, die Hüftbeuger und auch die Glutealmuskulatur intensiv. Eine starke Muskulatur kann hier die Einzelimpulse in Vortrieb umwandeln. Gerade im Schwimmen sind Krafttrainingsformen mit dem Ziel die Maximalkraft zu steigern von Vorteil!

Beim Radfahren kann Krafttraining kann insbesondere bis zur Olympischen Distanz, möglicherweise auch auf der Halbdistanz direkt leistungsfördernd wirken. Das Übertragen der Kraft durch eine starke Rumpfmuskulatur und das Vermeiden von Ausweichbewegungen ist eine wichtige Komponente beim Radfahren. In Studien zeigte sich, dass ein Trainingsregime, bei dem ein Teil des radspezifischen Trainings durch ein schweres Krafttraining ersetzt wurde, zu einer gesteigerten Leistung in praxisrelevanten Zeitfahrtests über 40 Kilometer führte[6]. Auch bei Studien, die der Testübung – einem 5-minütigen maximalen „"all-out" Zeitfahren – eine 3-stündige Vorbelastung mittlerer Intensität vorschalteten, zeigte sich, dass ein Krafttraining mit Lasten Vorteile haben kann[7].

Auch das Laufen kann über ein Krafttraining positiv beeinflusst werden. Neben der Schrittgröße und dem Abdruck ist auch das Stabilisieren des Rumpfes ein wichtiges Trainingsziel. Primär beeinflusst die Leistungsfähigkeit des Energiestoffwechsels auf metabolischer Ebene die Laufleistung. Krafttraining kann jedoch eine Möglichkeit sein, bei optimalen Stoffwechselvoraussetzungen zusätzliche Leistungsreserven ausschöpfen zu können.

Kraft und Kraftausdauer?

Das Ziel eines Triathleten besteht nicht nur darin, möglichst viel Kraft auf die Pedale oder den Asphalt zu bringen. Die Impulse sollen auch über einen langen Zeitraum geleistet werden. Die Kraftausdauer zu steigern, ist jedoch nicht die zentrale Aufgabe des Krafttrainings in Ausdauersportarten wie dem Triathlon. Die erwarteten Anpassungen hinsichtlich einer verbesserten Ermüdungswiderstandsfähigkeit werden bereits durch die vielen verschiedenen Formen Ausdauertrainings, beispielsweise des Intervalltrainings auf dem Fahrrad oder der Bahn angesprochen. Da die Kraftausdauer auf der einen Seite durch die Energiebereitstellung und so der Entspeicherung der energiereichen Phosphate und auf der anderen Seite durch die Maximalkraft bestimmt wird, muss der Einsatz eines Kraftausdauertrainings in Ausdauersportarten grundlegend hinterfragt werden.

Von einem speziellen Kraftausdauertraining sind keine weiteren Effekte für Ausdauersportler zu erwarten. Das liegt daran, dass die Anpassungseffekte primär auf der Ebene der Energiebereitstellung liegen und weniger die Kraftkomponente betreffen. Das Trainieren der Muskeln soll gezielt das Maximalkraftniveau steigern. Eine höhere Maximalkraft verbessert gleichzeitig die Schnellkraft- und die Kraftausdauerleistungen[3]. Das Ziel eines solchen Trainings liegt in der Anpassungen des neuromuskulären Systems[3].

Dem Sportler stehen bei einem gesteigerten Maximalkraftniveau mehr Reserven zur Verfügung, weil esda mehr Muskelfasern aktivierten werden können kann. Beim Erbringen einer Leistung von z.B. 300 Watt ist die Beanspruchung für den Fahrer umso geringer, je höher seine Maximalkraft ist. Der bei jeder Kurbelumdrehung aufzubringende relative Krafteinsatz fällt sinkt dabei mit steigendem Niveau der Maximalkraft. „"Relativ"" beschreibt hierbei das Verhältnis zwischen geleistetem Krafteinsatz und individuellem Kraftmaximum. Ein erhöhtes Maximalkraftniveau steigert folglich die Muskeleffizienz und der Triathlet ist in der Lage, ein höheres Tempo über einen längeren Zeitraum zu schwimmen, zu fahren oder zu laufen. Die Höhe dieses Effektes ist jedoch von der Streckenlänge abhängig und spielt auf kürzeren Strecken eine größere Rolle als auf längeren. Auch wenn ein Triathlet ein Rennen sicher auch ohne Krafttraining gewinnen kann, liegen hier jedoch Chancen die erreichte individuelle Leistungsfähigkeit zu steigern. Krafttraining muss man deshalb im Triathlon als Leistungsreserve sehen, wobei die Effizienz unterschiedlich zu gewichten ist.

Langhanteltraining als zentrales Krafttrainingselement

Grundlegend erscheint das Trainieren mit der Langhantel und mit dem Ziel große Lasten zu bewegen als sinnvoll. Das Stabilisieren ist hier ebenso ein wichtiges Element wie das Steigern der Kraft. Zudem trainiert man z.B. Beim Durchführen einer Reißkniebeuge in der Vertikalen und nicht wie ein Unterarmstütz in der Horizontalen. Krafttraining im Ausdauersport muss zielorientiert erfolgen, so dass der Einsatz von Pezziball, TRX, instabilen Untergründen und ähnlichen als besonders funktionell bezeichneten Gerätschaften kaum einen Vorteil bringen. Stattdessen ist das komplexe Langhanteltraining zu empfehlen, wenn es darum geht zeiteffizient trainieren und die Leistung umfassend steigern.

Krafttraining als Präventionsfaktor!

Häufig müssen Athleten ihr Training in der Wettkampfvorbereitung aufgrund von Verletzungen oder Überlastungen am Bewegungsapparat reduzieren, schlimmstenfalls phasenweise sogar vollständig einstellen. Neben Defiziten in der Trainingsplanung wie zu lange und zu intensive Belastungen, mangelnde Regeneration und defizitäre Ernährung, führt man Überlastungen auch auf Schwächen beziehungsweise auf Dysbalancen der Muskulatur zurück. Deshalb erscheint ein zielgerichtetes Krafttraining unerlässlich zur Gesunderhaltung und somit zur Gewährung einer dauerhaften Leistungsfähigkeit des Körpers. Typische Überlastungserscheinungen bei Triathleten sind:

- Patellaspitzensyndrom
- Schmerzen der „Hamstrings"
- Achillessehnenschmerzen
- Rückenbeschwerden

Das Patellaspitzensyndrom oder auch Läufer- respektive Springerknie genannt, ist eine chronische Überlastungserscheinung am Knochen-Sehnenübergang der Kniescheibe und äußert sich durch belastungsabhängige Knieschmerzen. Als häufige Ursachen hierfür werden orthopädische Abweichungen Gründe wie Beinlängendifferenz, Beckenschiefstand, ungleich abgelaufenes Schuhwerk, schlechter Laufstil sowie muskuläre Dysbalancen und Defizite genannt. Insbesondere die Muskulatur um das Kniegelenk mit dem M. quadrizeps femoris wirkt stabilisierend und schützt das Gelenk. Ferner übertragen höher liegende Gelenke Unstabilitäten und Dysbalancen unter Belastung auf tiefer liegende Gelenke und Strukturen. Aus diesem Grund ist eine kräftige Hüft- und Rumpfmuskulatur essentiell um Überlastungen auf Kniehöhe und ebenso auf Höhe des Sprunggelenks vorzubeugen. Die Gesäßmuskulatur (M. gluteus maximus und medius) als größte Hüftstabilisatoren sowie die Bauch- und Rückenstreckmuskulatur stellen bei

Ausdauerathleten sehr häufig Schwächen dar. Diese Vielzahl an Muskeln könnte man nun relativ isoliert an 4-6 Trainingsmaschinen (Beinbeuger, Beinstrecker, Gluteusmaschine, Bauch, Rückenstrecker), kann man oder hocheffizient und zeitsparend als Bewegungsschlingen durch eine freie Übung mit der Langhantel trainieren. Beispielsweise mit Umsetzen, Reißen, Reißkniebeuge oder Kreuzheben. Wenn der Athlet schwimmt, Rad fährt oder läuft arbeitet nicht jeder einzelne Muskel isoliert, sondern viele Muskeln zusammen als Einheit.

Eine zu schwach trainierte Gesäßmuskulatur stellt laut der Literatur auch bei der Entstehung von chronischen Schmerzen der „"Hamstrings" eine der Hauptursachen dar: Hierbei übernimmt die Rrückwärtige Oberschenkelmuskulatur (M. bizeps femoris, M. semitendinosus, M. semimembranosus), die in erster Linie das Kniegelenk beugt, bei zu schwacher Gesäßmuskulatur zusätzlich die Hüftstreckung und wird somit beim Laufen dauerhaft überlastet. Auch hier zeigt sich die Notwendigkeit kräftiger und somit leistungsfähiger Muskulatur zur Gesunderhaltung.

Rückenschmerzen treten weniger bei reinen Läufern, sondern gehäuft bei Radfahrern und Triathleten auf. Ursache hierfür sind die langen Radeinheiten, die diedurch während denen die Rückenmuskulatur dauerhaft gedehnten wird, was Schwächen und Fehlhaltungen als Konsequenz haben kann. Beim Triathleten wird dieser Effekt durch eine verkürzte Brustmuskulatur in Folge des Schwimmtrainings zusätzlich verstärkt. Auch zur Kräftigung der defizitären Rücken- und Schultermuskulatur stellen die bereits genannten Übungen Umsetzen und Reißen sowie deren Teilübungen ideale und hoch effiziente Übungen dar. Die Durch die Reißkniebeuge wird die Brustmuskulatur gedehnt die Brustmuskulatur gedehnt und somit eine Verbesserung der Haltung provoziert. somit eine Verbesserung der Haltung. Für die Rückenmuskulatur kann können man auch ergänzende Übungen mit der Langhantel wie vorgebeugtes Rudern durchgeführt werden.

Diese Beispiele sollen verdeutlichen, dass Krafttraining neben der Steigerung der Leistungsfähigkeit einen weiteren essentiellen Stellenwert bei Triathleten einnimmt, nämlich die langfristige orthopädische Gesunderhaltung des Athleten. Langhanteltraining stellt hierbei die Methode der Wahl dar, denn Langhanteltraining:

- ist hoch effektiv
- ist zeitsparend (wenige Übungen für maximalen Trainingserfolg)
- ist ideal zum Trainieren von Bewegungsschlingen, nicht isolierter Muskeln
- dehnt die Muskulatur(tiefe Kniebeuge)
- spart Geld (nur ein Gerät statt vieler Maschinen).

Voraussetzung für die gesunderhaltende Wirkung sowie die Möglichkeit im Sinne der Leistungsoptimierung mit submaximalen bis maximalen Lasten trainieren zu können, ist das Beherrschen dereine korrekten Technikausführung der Trainingsübungen. Die folgenden Empfehlungen für die Praxis mit bebilderten Übungsbeispielen sollen den Athleten den Einstieg in ein Krafttraining mit der Langhantel erleichtern.

Praktische Relevanz und Fazit

Das Langhanteltraining besteht im Wesentlichen aus komplexen Übungen, wie dem Umsetzen und dem Reißen. Da diese jedoch gerade bei Krafttrainingsanfängern hohe koordinative Anforderungen stellen, empfiehlt sich das Entwickeln der Trainingsziele in Lernphasen. Diese sind dem Gewichtheben entlehnt und speziell an die Anforderungen von Triathleten angepasst. Für Triathleten passt ein Modell mit zwei Lernphasen, mit denen man zunächst das Umsetzen und später auch das Reißen schult. Die erste Lernphase soll die Reißkniebeuge und das Kraftdrücken üben. Lernphase 2 ergänzt die Frontkniebeuge und das Schwungdrücken mit Fußsetzen. Die Lernphasen sollten jeweils über mindestens ein bis zwei Monate geführt werden. Zu achten ist auf eine technisch saubere Ausführung der Übungen. In Lernphase 2 können zudem der erste und zweite Zug und damit verbunden erste Umsetzbewegungen einfließen. Dabei muss man darauf achten, dass der Athlet die Hantel und die Ellenbogen eng am Körper führt und er die Hantel nicht in die Endposition „"hebt". Da Triathleten aufgrund der drei Disziplinen ohnehin ein großes Trainingsvolumen absolvieren müssen, empfehlen sich zwei Trainingseinheiten pro Woche von maximal einer Stunde.

Literatur

1 Triathlon Training, 2012, Nr. 34, S. 28 -29.

2 Rennrad, 2012, Nr. 11, S. 05-107.

3 Wagner, Andreas, Mühlenhoff, Sebastian & Sandig, Dennis (2010). Krafttraining im

Radsport. Methoden und Übungen zur Leistungssteigerung und Prävention. München: Urban & Fischer bei Elsevier.

4 Leistungssport, 2006, 36 (6). 16 – 20.

5 Sandig, Dennis, Fröhlich, Michael, Klein, Markus, Pieter, Andrea, Emrich, Eike &

Gießing, Jürgen (2008). Consequences of swim, cycle and run performance on the overall result in Olympic-distance Triathlon. Book of Abstracts of the 13th Annual Congress of the European College of Sport Science – 9.- 12.07.2008 Estoril, Portugal. Edited by Cabri, J., Alves, F. Araújo, D., Barreiros, J., Diniz, J., Veloso, A.   450 -451.

6 *European Journal of Applied Physiology*, 2010, Bd. *110* (6), S.1269–1282.

7 *European Journal of Applied Physiology*, 2012, Bd. *108* (5), S. 965–975.

Dr. med. Rudolf Ziegler

Spannungsfeld „Immunsystem und Sport"

Abstract

Die Immunologie ist im Bereich der Sportmedizin noch ein relativ junges Forschungsgebiet, das erst Anfang der 90er Jahre des letzten Jahrhunderts zunehmend in den wissenschaftlichen Fokus einer breiteren sportmedizinischen Öffentlichkeit gelangte. Das Immunsystem blickt dabei auf eine ca. 400 Millionen Jahre alte Entwicklungsgeschichte zurück und ist damit viel älter als die Evolution des Menschen. Anatomisch hat sich das Immunsystem aus dem Gehirn entwickelt („6. Sinn").

Der komplexen Funktionalität des Immunsystems trägt ein hochdifferenzierter und dreigliedriger Aufbau gezielt Rechnung:

physikalisch-chemische Barriere (Haut, Schleimhäute, Lysozym)

angeborene unspezifische Immunabwehr (Zellen plus komplex aktive Signalmoleküle)

erworbene spezifische Immunabwehr (B-Lymphozyten = Plasmazellen, T-Lymphozyten).

Angeborenes und erworbenes Immunsystem sind funktionell eng miteinander verzahnt. Ein zusätzliches Plus besteht in der hohen Auswanderfähigkeit der Immunozyten aus den Blut- und Lymphgefäßen, was ihre Schlagkraft weiter erhöht. Das Gesamtgewicht des Immunsystems beim Erwachsenen beträgt etwa ein Kilogramm mit ca. 10^{12} Immunzellen und rund 10^{20} Antikörpermolekülen (Produktionsstätte: Plasmazellen, die sich bei Antigen-Kontakt aus den B-Lymphocyten bilden). Eine einzige Plasmazelle vermag bei Bedarf stündlich bis zu 100 Millionen Antikörper zu bilden und akut in den Blutstrom abzugeben.

Aufgabenspektrum des Immunsystems

Krankheitsmodulierung

Regeneration

Leistungszuwachs

Infektabwehr

Krebsschutz

Bei diesem breitgefächerten Aufgabengebiet muss das Immunsystem generell 3 medizinischen Grundanforderungen genügen, um effektiv zu sein und den eigenen Körper vor autoimmunologischen Attacken zu schützen:

Effektiv in time

hoch spezialisiert (Unterscheidungsfähigkeit von selbst und nicht selbst).

Gedanklich generell viel zu kurz gegriffen wäre es, wenn ärztlicherseits jetzt der analytische und medizinische Fokus primär auf den Bereich Infektabwehr gelegt würde, obwohl natürlich gerade das Thema „Infektresistenz" in der Praxis und für Sportler wie Nichtsportler eine bedeutende Rolle spielt.

Problem der modernen immunologischen Forschung

Der berechtigte Wunsch aus der Praxis, bei der Arbeit mit Sportlern und Sportlerinnen durch valide Daten aus der immunologischen Forschung unterstützt zu werden, wird durch folgende analytische Klippen erschwert:

Standardisierbarkeit

Übertragbarkeit (Labor-Ergebnisse in die Praxis)

Korrelierbarkeit (Labor versus klinische Auswirkungen).

Wissenschaftliche besteht längst Einigkeit bzgl. der Vielzahl von beeinflussenden Faktoren auf die immunologische Kompetenz, die bei rezidivierender Infektanfälligkeit auf den Prüfstand in der sportärztlichen Praxis gehören:

- Lebensstil
- Ernährung
- Sport
- Adipositas
- Impfstatus
- Keimexposition
- Genom
- Hormonstatus
- Geschlecht
- Alter.

Sport und Immunsystem - „die Dosis macht das Gift"

Trotz aller potentieller analytischer Fehlerquellen und möglicher Fehleinschätzungen im wissenschaftlichen Duktus besteht mittlerweile unisono Einigkeit über die Korrelation von Sport und Infektdisposition in Form einer sogenannten J-Kurve. Im Klartext: Moderater Sport senkt das Risiko für Atemweginfekte im Vgl. zum Nichtsportler signifikant, während intensiver Sport dem gegenüber das Infektrisiko wieder deutlich über das Niveau des Nichtsportlers anhebt.

Take-home-Message

Regelmäßiger und gleichzeitig dosierter Sport - ein effektiver Immunstimulator

Besonders wirksam: Ausdauersport (z.B. Laufsport, 15-25 km pro Woche, moderate Intensität, gesteuert mittels Laktat oder über OwnZone®)

Zusätzlicher Profit für Funktionalität und Schlagkraft des unspezifischen wie spezifischen Immunsystems:

Ernährungsoptimierung (Ernährungsprotokoll-Auswertung)

Vegetative Modulierung (Disstress-Vermeidung, Schlafquantum)

Allgemeine Roborierung (Kneipp-Kuren etc.)

Gestaltung des Wettkampf-Umfelds (Trink-Strategie, Kleiderwechsel etc.)

„Immunstimulanzien" (sekundäre Pflanzenstoffe, Prebiotika, Probiotika, Spurenelemente, Vitamin C, isolierte Beta-Glukane, phytotherapeutische Homöopathika – z.B. Aconitum, Echinacea purpura, Bryonia, Eupatorium perfoliatum etc.).

Philipp Peter, Renate Oberhoffer, Martin Schönfelder

Talentsichtung im Triathlon – Ergebnisse einer sportartspezifischen Testbatterie

Einleitung und Hintergrund

Talentdiagnostik hat eine lange Tradition innerhalb der sportwissenschaftlichen Forschung. Insbesondere in der relativ jungen und mittlerweile unter Kindern und Jugendlichen sehr beliebten Sportart Triathlon besteht diesbezüglich jedoch ein großer Bedarf an weiteren Forschungsarbeiten. Aktuell basieren Kadernominierung im Nachwuchstriathlon nahezu ausschließlich auf der erbrachten Wettkampfleistung bei ausgesuchten Veranstaltungen (Sichtungswettkämpfe oder Meisterschaften). Bei diesem stark reduzierten Auswahlkriterium ist jedoch davon auszugehen, dass eine ganze Reihe langfristig leistungsdeterminierender Faktoren nicht berücksichtigt wird. In der Praxis zeigt sich sogar, dass Spitzenleistungen im Jugendalter nicht immer die Grundlage für Höchstleistungen im Erwachsenenalter sind. Im Gegenteil können hohe Trainingsbelastungen und eine frühzeitige Spezialisierung zu Übertraining und „Drop-Out" führen. Eine effektive Talentdiagnostik sollte deshalb eine Vielzahl an Faktoren berücksichtigen, die über die reine Wettkampfleistung hinausgehen. EHLENZ et al. (1985) geben in ihrem Modell der Leistungsstruktur einen Überblick, welche Faktoren auch im Nachwuchstriathlon eine Rolle spielen können.

Methoden und Tests

Die Testbatterie beinhaltet eine anthropometrische Vermessung (u.a. Größe, Gewicht, Körperfett, Arm- und Beinlänge), Unterdistanzleistungen im Schwimmen (50m, 400m) und Laufen (100m, 1000m), die Messung der Schwimmeffizienz, einen Critical-Power-Test (CPT) auf dem Radergometer, sechs sportmotorische Tests (Gleichgewicht, Reaktivkraft, Reaktion, Frequenzschnelligkeit, Sprungkraft, Koordination unter Zeitdruck) und einen sportpsychologischen Fragebogen (AMS-Sport). Zusätzlich wird das biologische Alter über Körperbaudaten kalkuliert und Trainingsparameter werden mittels eines Fragebogens erhoben. Die Wettkampfleistung wird aus den Ergebnissen des jährlichen TUM Triathlon in der Nähe von München entnommen.

In Zusammenarbeit mit dem bayerischen Triathlon-Verband (BTV) wurde die Testbatterie in sechs Sichtungslehrgängen in den Jahren 2009 bis 2012 jeweils vor und nach der Wettkampfsaison angewendet. Insgesamt nahmen dabei bisher 135 männliche (Alter: 14,8 Jahre; Größe: 166,9 cm; Gewicht: 55,2 kg; BMI: 19,5) und 81 weibliche (Alter: 13,6 Jahre; Größe: 158,6 cm; Gewicht: 47,6 kg; BMI: 18,7) Nachwuchstriathleten zwischen 10 und 19 Jahren teil. Es gab keine Mindestleistung als Voraussetzung für die Teilnahme an der Studie, jedoch waren nahezu alle Teilnehmer Mitglied in einem bayerischen Triathlon- und Schwimmverein.

Ergebnisse

Die anthropometrischen Daten zeigen uneinheitliche Ergebnisse bei Korrelation zur Unterdistanz- und Wettkampfleistungsfähigkeit. Nur bei den Altersklassen Jugend B (JB) männlich und Schüler A (SCHA) sowie JB weiblich zeigen sich signifikante Zusammenhänge auf mittlerem Niveau zwischen den Extremitätenlängen und der Leistungsfähigkeit im Schwimmen sowie Laufen. Die Unterdistanz- und Wettkampfleistungen zeigen einen hoch signifikanten Zusammenhang sowohl beim Schwimmen ($r = ,797$, $p < 0,01$ (m) bzw. $r = ,880$, $p < 0,01$ (w)) (Abb. 1) als auch beim Laufen ($r = ,605$, $p < 0,01$ (m) bzw. $r = ,644$, $p < 0,01$ (w)). Der Geschwindigkeitsabfall mit zunehmender Streckenlänge (Abb. 1) liegt beim Schwimmen (50m zu 400m) bei etwa 74% (m) bzw. 73% (w) und beim Laufen (100m zu 1000m) bei etwa 69% (m) bzw. 64% (w). Abbildung 2 zeigt den Entwicklungsverlauf bei den Ergebnissen der sportmotorischen Testreihe. Auffällig ist dabei der Rückgang bzw. die Stagnation der Reaktivkraft im Gegensatz zu den weiteren Messgrößen. Der Trainingsumfang pro Woche (Abb. 3) steigt mit zunehmendem Alter von insgesamt 7 auf etwa 12 Stunden pro Woche. Dabei erhöht sich vor allem der Umfang des Rad-, Lauf- und Athletiktrainings. Die Korrelationen zwischen Trainingsalter bzw. -umfang und der Wettkampfleistung liegen im mittleren Bereich (r = ,458, p < 0,01 bzw. r = ,403, p < 0,01). Weitere Teilaspekte der Testbatterie werden zur Zeit bearbeitet. So zeigt auch der CPT einen signifikanten Zusammenhang zur isolierten Radleistung (SCHÖNFELDER et al. 2012).

Diskussion und Ausblick

Mit Hilfe der gewonnen anthropometrischen Daten lassen sich umfassende Referenzwerte für den Nachwuchstriathlon generieren. Ein eindeutiger Zusammenhang zur Leistungsfähigkeit lässt sich jedoch nicht feststellen. Jedoch scheinen vor allem die Extremitätenlängen ähnlich wie bei den Erwachsenen (SLEIVERT et al. 1996, LANDERS et al. 2000) eine gewisse Rolle zu spielen. Eine statistische Prognose kurzfristiger Wettkampfresultate durch Unterdistanzleistungen ist sehr gut möglich, wobei das Schwimmen deutlich höhere Korrelationen zeigt als das Laufen. Zudem lassen sich mit Hilfe der gewonnen Unterdistanz-Referenzwerte Rückschlüsse für die Trainingspraxis ziehen (MOELLER et al. 2008). Im Bereich der Sportmotorik könnte der altersunabhängige Verlauf der Reaktivkraft in Hinblick auf die Laufleistung für die Talentsichtung interessant sein. Eine vorangehende Studie konnte hier einen Zusammenhang der Reaktivkraft zur Unterdistanz-Laufleistung zeigen (PETER, 2010). Weitere Analysen sind jedoch notwendig. Der Trainingsumfang des getesteten Kollektivs liegt deutlich unter dem für die entsprechenden Altersklassen geforderten Umfängen im DTU Nachwuchstrainings-konzept. Die weiteren Untersuchungen sollen Unterschiede zwischen verschiedenen Leistungsklassen herausstellen und neben den bisherigen Querschnittsanalysen auch Längsschnitt-Daten analysieren.

Literatur

EHLENZ H, GROSSER M, ZIMMERMANN E: Krafttraining. BLV Sportwissen München 1985, Bd. 407, 2.Aufl.

SCHÖNFERLDER M, JAKOB M, OBERHOFFER R: Korrelationsanalyse zwischen dem Critical-Power-Test und der Radleistung bei jugendlichen Triathleten. DSV-Symposium, Münster 2012.

SLEIVERT GG, ROWLANDS DS: Physical and physiological factors associated with success in the triathlon. Sports Med. 1996, 22(1): 8-18.

LANDERS GJ, BLANKSBY BA, ACKLAND TR, SMITH D: Morphology and performance of world championship triathletes. Ann Hum Biol. 2000, 27(4): 387-400.

MOELLER T, SCHOLICH M, KNOLL R: 10 Jahre zentrale D/C-Kadersichtung in der Sportart Triathlon – Ergebnisse und trainingsmethodische Ableitungen. In: ENGELHARDT M, FRANZ B, NEUMANN G, PFÜTZNER A (Red.): Triathlon und Sportwissenschaft Band 19. Czwalina, Hamburg 2008, 7 – 15.

PETER P: Talent identification in triathlon – evaluation of a new test battery quantifying predictors of the complex athletic performance in young triathletes. Master´s Thesis, TU München, 2010.

Holger Lüning

Die Bedeutung der Kontaktzeiten im Ausdauersport

29:07 Minuten – hinter diesen Zahlen verbirgt sich der schnellste jemals auf der Olympischen Distanz gelaufene 10-Kilometer-Split der Triathlongeschichte. Gleichzeitig machte Alistair Brownlee mit dieser Leistung seinen Sieg beim Olympischen Wettbewerb im Londoner Hyde Park perfekt. Fast genauso beeindruckend wie die Zahlen ist dabei die Leichtfüßigkeit, mit der der Brite seine Gegner dominierte. Und genau hinter dieser augenscheinlichen Leichtfüßigkeit ist auch das Geheimnis seiner Geschwindigkeit verborgen: nämlich die Optimierung der Kontaktzeiten beim Fußabdruck.

Um die Hintergründe Brownlees Erfolgsgeheimnisses zu verstehen, hilft ein kleines Experiment, das Sie ohne großen Aufwand durchführen können. In einem ersten Übungsdurchgang legen Sie einfach Ihre Hand auf Ihren Oberschenkel. Versuchen Sie nun mit der Handfläche auf Ihr Bein klopfend einen gleichmäßigen und zugleich flotten Rhythmus zu erzeugen. Recht schnell werden Sie sich auf einen angenehmen Klopfrhythmus eingespielt haben. In einem zweiten Versuch sind Sie nun aufgefordert, einen deutlich schnelleren Klopfrhythmus durchzuführen. Nach einer kurzen Pause starten Sie den dritten Durchgang mit der Vorgabe, einen maximal schnelle Klopffrequenz zu realisieren. Probieren Sie das einmal aus!

Sie es gespürt haben: die Kontaktzeit mit dem Untergrund wurde naturgemäß immer kürzer. Das war ja auch das Ziel der Aufgabe. Einen weiteren Aspekt werden Sie in Bezug auf die Aufwendung Ihrer Kraft gespürt haben. Obwohl die Aufgabe nicht darin bestand, einen hohen Druck auszuüben, haben Sie dennoch einen deutlich härteren, wenn auch kurzen Kontakt zwischen Handfläche und der Oberschenkel realisiert, der mit einem höheren Kraftaufwand einherging. Im dritten Durchgang haben Sie eine weitere Veränderung gespürt. Nicht nur, dass Sie weiterhin Ihren Kraftaufwand erhöhen mussten, um sowohl eine hohe Frequenz wie auch eine damit einhergehende kurze Kontaktzeit durchzuführen. Zusätzlich hat sich Ihre Körperposition dahingehend verändert, dass Sie in eine aufrechte Sitzposition mit einer bewussten muskulären Stabilisierung übergegangen sind. Dank der erhöhten Stabilisierung konnten Sie überhaupt erst, eine hohe Frequenz und eine kurze Kontaktzeit umsetzen.

Was folgt daraus, um dem schnellen Laufen von Alistair Brownlee auf den Grund zu gehen?

Es kristallisieren sich drei wesentliche Bereiche heraus, wenn es um die Leistungsfähigkeit im Ausdauersport geht. Sie ergänzen einander und sind deshalb in der Trainingspraxis kaum voneinander zu trennen.

Ausdauer

Kraft (in diesem Falle die spezifische Kraft)

Stabilität

Kurz gefasst beinhalten die drei Bereich A-K-S alle Komponenten, die im Ausdauersport eine tragende und leistungsentscheidende Rolle spielen.

Und wie Sie wissen, handelt es sich bei allen Ausdauersportarten um zyklische Sportarten. Also gleichförmige Bewegungsabläufe, die sich nicht verändern. Schauen Sie auf die klassischen Ausdauersportarten wie Schwimmen, Radfahren, Laufen oder auch Skilanglauf und Rudern. Dank der gleichförmigen Bewegungsstruktur und dem regelmäßigen Wechsel zwischen muskulärer Anspannung und Entspannung ist es überhaupt möglich, eine Leistung über viele Minuten und Stunden durchzuführen.

Die Fähigkeit, inwieweit ein Sportler jede Kontraktion der antriebsrelevanten Muskulatur, in ökonomischer Zusammenarbeit mit der Halte- und Stabilitätsmuskultaur, in Beschleunigung oder zumindest die Aufrechterhaltung der Geschwindigkeit umsetzen kann, entscheidet auf jeder Leistungsebene über die Effizienz der Bewegung. Wie hoch die Anzahl der antriebsrelevanten Aktionen ist, macht das folgende Beispiel deutlich:

Triathlon über die Olympische Distanz mit einer Endzeit von 2.25 Stunden

Einzelzeiten:

1.500 Meter Schwimmen in	0.25.00 Stunden
40 Kilometer Radfahren in	1.10.00 Stunden
10 Kilometer Laufen in	0.50.00 Stunden

Nimmt man eine optimale Bewegungsfrequenz in jeder Disziplin an

Schwimmen = 70 Züge / Minute

Radfahren = 80 Umdrehungen / Minute

Laufen = 180 Schritte / Minute

Dann kommt man auf folgende Kontaktzeiten mit

dem Wasser = 1.800 Armzügen

der Pedale = 11.200 Pedalumdrehungen

dem Boden = 9.000 Schritten

Und damit einer Gesamtzahl an Kontakten, die zum Vortrieb oder dem Erhalt der Geschwindigkeit genutzt werden von 22.000!

Anhand dieser Zahlen wird deutlich, wie entscheidend die Komponenten AKS und ihre Berücksichtigung im Training sind. Für die Disziplinen bedeutet das u.a.

Schwimmen: Abdruck vom Wasser ist nur dann möglich, wenn der Kraftimpuls kurz ist. Die physikalische Eigenschaft des Wassers verändert sich. Nur hoher Druck erzeugt einen wirksamen Gegendruck.

Radfahren: Allein bei der Abwärts gerichteten Trittphase (zwischen 1 und 5 Uhr) werden laut Untersuchungen 70% der vortriebsrelevanten Impulse erzeugt. Weitere 20% in der Phase zwischen 5 und 7 Uhr. D.h. 90% der Antriebsleistung wird in der Abwärtsphase erzielt. Ein aktives Hochziehen der Pedale ist damit uneffektiv. Diese eher passive Phase sollte besser

zur Erholung genutzt werden.

Laufen: Stellen Sie sich eine Marionette beim Laufen vor! Schnell wird Ihnen bewusst, wie wichtig Körperstabilität für eine effektive Lauftechnik ist. Neben einem kraftvollen Abdruck (Laufen auf einer heißen Herdplatte) ist vor allem eine stabile Körperhaltung das Leistungskriterium für schnelles, ökonomisches und verletzungsfreies Laufen.

Geschwindigkeit hat einerseits natürlich mit der Bewegungsfrequenz und dem pro Bewegungszyklus zurück gelegtem Weg zu tun. Entscheidend für einen langen Zyklusweg, wie z.B. die Schrittlänge beim Laufen, ist dabei ein kraftvoller Abdruck. Und je kraftvoller der Impuls sein soll, umso kürzer ist dabei die Kontaktzeit zwischen Fuß und der Abdruckfläche. Das Prinzip wird bei den Sprungdisziplinen sehr deutlich. Die Bedingung für schnelles Laufen hingegen ist der ökonomische Einsatz von Kraft und Ausdauer – zwei der leistungsbestimmenden Faktoren, wenn es um überdurchschnittliche Leistungen im Ausdauersport geht.

Charakteristik der Belastung: im Ausdauersport geht es ausschließlich um zwei Komponenten, die die Endzeit und damit die vergleichbare Wettkampfleistung darstellen:

Beschleunigung des Körpers (+ evtl. Sportgerät wie Rad)

Aufrechterhaltung der Geschwindigkeit unter Berücksichtigung von Ökonomie und energetischen Ressourcen

Besondere Beachtung findet man in Disziplinen, in denen man das eigene Körpergewicht tragen und/oder beschleunigen muss, die Relation aus objektiver Kraft (z.B. Als Wattleistung beim Radfahren gemessen) und individuellem Körpergewicht. Der kräftigste Sportler zu sein, um erfolgreich sein zu können, ist deshalb nicht der richtige Weg. Man sollte aber sehr wohl darauf achten, dass die relative Kraft hoch ist. Deshalb ist das Beurteilungskriterium beim Radfahren beispielsweise auch Leistung pro Kilogramm Körpergewicht und nicht die totale Kraftentfaltung.

Einen weiteren wichtigen Aspekt gilt es beim Laufen noch zu beachten. Der sogenannte Dehnungs-Verkürzung-Zyklus (DVZ) kann Ihnen nämlich zusätzliche Energie zur Verfügung stellen, wenn Sie sich auf die Kontaktzeiten konzentrieren. So wird beim Aufprall auf den Boden der hintere Unterschenkelmuskel (Musculus Triceps Surae) gedehnt, der sich aus der Achillessehne nach oben hin verzweigt. Stellen Sie sich diesen Muskel nun vor wie ein Gummiband, das gedehnt wird und diesen Dehnzustand im nächsten Moment auflösen möchte. In dem Fall müsste sich der

Wadenmuskel anschließend zusammenziehen und dadurch den Abdruck theoretisch unterstützen.

In wissenschaftlichen Untersuchungen konnte man diese Wirkungsweise der Muskulatur bei einem kurzzeitigen vorherigen Dehnen (Exzentrische Arbeitsweise) tatsächlich belegen. Die reflektorische Antwort auf diesen Dehnreiz beantwortet das neuromuskläre System, das für die Ansteuerung der Muskulatur zuständig ist, mit einer zusätzlichen Aktivierung und einer erhöhten Kontraktionskraft. Allerdings unterliegt dieser schnelle Reflex einem zeitlichen Limit. Laut einer Untersuchung der Universität Freiburg aus dem Jahre 2006 erreicht die Kontraktionskraft 100-120 Millisekunden nach dem Aufprall den maximalen Wert. Alles in allem sollte die gesamte Bodenkontaktzeit 200 Millisekunden deshalb nicht überschreiten.

Diese sogenannten Reaktivkräfte besitzen deshalb für das Laufen eine hohe Bedeutung. In der Trainingspraxis kommen deshalb Sprungübungen zum Einsatz, die die Fähigkeit zur optimalen Ausnutzung dieser Prozesse verbessern.

Die Ökonomisierung der Lauftechnik hat demzufolge auch mit dem gezielten Ausnutzen des DVZ zu tun. Niedrige Bodenkontaktzeiten, wie sie Olympiasieger Brownlee eindrucksvoll vorführt, erzeugen zusätzliche Kräfte, die allerdings nur dann dauerhaft genutzt werden können, wenn die Stabilität des Körpers, vor allem die des Rumpfes, als Gegenlager eingesetzt werden. Kraft, Ausdauer und

Rumpfstabilität sind deshalb zu Recht die Grundpfeiler eines modernen Lauftrainings.

Doch auch in den anderen beiden Triathlondisziplinen spielen die Kontaktzeiten mit den Abdruckflächen eine herausragende Rolle. Schließlich stellen sowohl das Wasser wie auch die Radpedale die einzige Abdruckplattform dar, von der eine Beschleunigung des Körpers möglich ist.

Für das Schwimmen gilt das nochmal in besonderem Maße, weil Sie beim Unterwasserzug und dem Versuch, sich vom Wasser abzudrücken auf ein verformbares Medium treffen. Auch hier hilft ein kleines Experiment, um die Spezifik dieses Elements zu verdeutlichen. Ziehen Sie, am Beckenrand oder vielleicht auch ganz gemütlich in der Badewanne sitzend, Ihre Hand einmal langsam durch das Wasser. Sie werden recht wenig Gegendruck spüren. Erhöhen Sie nun aber die Geschwindigkeit Ihrer Hand, erhöht sich automatisch auch der Gegendruck des Wassers: das einfache Prinzip des Abdrucks beim Schwimmen und der physikalischen Eigenschaften des Wassers werden damit deutlich. Genauso deutlich nehmen Sie in dem Falle aber auch wahr, wie wichtig es ist, eine möglichst kurze Kontaktzeit zwischen Antriebsfläche (Hand) und Abdruckfläche (Wasser) zu realisieren. Nur dann erhält das Wasser die notwendige „Härte" für eine Beschleunigung Ihres Körpers. Und wieder sind die Kernpunkte im Triathlontraining erkennbar: Kraft, Ausdauer und ausreichende Rumpfstabilität, um wie ein stabiler Schiffsrumpf im Wasser liegend, möglichst geringe Widerstände zu erzeugen.

Und ähnlich wie die Körperbeschleunigung beim Laufen zu beobachten ist, verhält es sich auch beim Radfahren. Anstatt des Bodens dienen Ihnen hier die Pedalen, um mit Hilfe des Sportgerätes eine Gesamtbeschleunigung von Körper und Rad zu erzeugen. Das Prinzip kennen Sie nun: je wirkungsvoller der Impuls und damit die Vortriebsleistung sein soll, umso kürzer und damit auch kraftvoller muss der Kontakt zwischen Fuß und Pedale sein. Wie beim Laufen hilft es während des Trainings, sich die Pedalen wie eine heiße Herdplatte vorzustellen und mit einem kraftvollen und kurzen Druck in der 1- bis 5-Uhr-Stellung der Kurbel die günstigen Hebelverhältnisse auszunutzen. Und weil der muskuläre Zug besonders durch eine stabile und kräftige Rückenmuskulatur wirken kann, konzentriert sich die Leistungserbringung wieder auf die „großen Drei" des Ausdauertrainings: Kraft, Ausdauer und Stabilität!

AKS – die großen 3 des Ausdauersports:

A = Ausdauer

K = Kraft

S = Stabilität

AKS gehört in jede Trainingsphase:

- Es gibt keine ausschließlichen Grundlagenperioden mehr
- Ausdauertraining (GA1) und Maximalkrafttraining harmonieren
- Krafttraining gerade in den Altersklassen ab 30 leistungsentscheiden
- Variables Training zu jeder Jahreszeit und in jeder Trainingsperiode

Allein wenn Sie sich über diese Mechanismen immer wieder im Training und der Trainingsplanung bewusst und entsprechende Trainingsmaßnahmen Stück für Stück in Ihr regelmäßiges Training integrieren, werden Sie nicht nur zu einem kompletteren sondern auch besseren Sportler. Denn es verändert sich langfristig nicht nur Ihre Leistungsfähigkeit, sondern Sie werden auch koordinativ effektiver sein, indem Sie die Muskeln deutlich ökonomischer ansteuern können. Auch wenn es nicht der Olympiasieg ist, den Sie anstreben: auch hier gilt es, das Beste aus den Möglichkeiten und der vorhandenen Zeit herauszuholen und das Training abwechslungsreich zu gestalten. Und manchmal helfen Trainingsmethoden zur Unterstützung dieser Fähigkeiten mehr als ein routinierter Dauerlauf auf der Hausrunde.

Praxisbeispiele / Übungen

Übungen zum Laufen

Tiefsprünge: Gehen Sie in die Hocke und springen Sie aus dieser Vorspannung hoch und versuchen Sie beim Landevorgang, ohne dass die Fersen den Boden berühren, einen weiteren Sprung durchzuführen, 5x6 Wiederholungen mit 2 Minuten Pause nach jedem 6er-Satz

Skippings: Gehen Sie in den Kniehebelauf und achten Sie bei jeder Bodenberührung darauf, dass die Ferse den Boden nicht berührt. Drücken Sie sich schnell und explosiv ab, 5x12 Wiederholungen (= Bodenberührungen) mit 2 Minuten Pause nach jedem Satz

Strecksprünge: Gehen Sie aus dem Stand schnell in die Hocke und berühren Sie mit Ihren Händen den Boden, um danach explosiv abzuspringen, 4x8 Wiederholungen mit 2 Minuten Pause nach jedem Satz

Übungen zum Schwimmen

Wasserwerfen: versuchen Sie am Ende der Druckphase das Wasser wie aus einem Katapult nach hinten zu schleudern, 4x25m mit 30 Sekunden Pause

Kurzflossen: Nutzen Sie dieses Hilfsmittel, um die Grundgeschwindigkeit zu erhöhen und Ihr Zugmuster dynamischer zu gestalten, 6x15m mit 60 Sekunden aktiver Pause

Wasserballkraulen: Schwimmen Sie sehr kurze Sprints über 5 – 15 Meter im Wasserballkraul-Stil mit kurzen, fast abgehakten Zügen, 8 Wiederholungen mit 2 Minuten aktiver Pause

Übungen zum Radfahren

Heiße Herdplatte: Fahren Sie während einer Ausfahrt immer mal wieder 20 Sekunden in einem Frequenzbereich von ca. 70-80 Umdrehungen / Minute und drücken Sie betont schnell und kurz in der 1-Uhr-Position auf das Pedal

Steigung: Nutzen Sie den höheren Widerstand beim Bergauffahren, um kurze und explosive Krafteinsätze auf das Pedal auszuüben für die Schulung der Koordination

Einbeinig: Fahren Sie am Anfang einer Ausfahrt jeweils im Wechsel 10 mal einbeinig auf jeder Seite und versuchen Sie dabei, möglichst explosiv und kurz auf das Pedal zu drücken, 6x10 Wiederholungen (= 3x pro Bein) mit 2 Minuten aktiver Pause nach jeweils 2 Wiederholungen

Björn Eichmann, Jonathan Pargätzi und Jürgen Gießing

Muskelabbau als Folge gesteigerter Trainingsumfänge im Ausdauersport

Ein Trainingsziel von Triathleten ist es, die Körperzusammensetzung dahingehend zu verändern, dass einem möglichst niedrigen Körperfettanteil eine ausreichende Muskelmasse gegenübersteht, um die z.T. erheblichen muskulären Anforderungen während eines Wettkampfes optimal bewältigen zu können. Für Triathleten gilt dies noch mehr als für Läufer, da die Disziplinen Schwimmen und Radfahren eine erhebliche Kraftkomponente umfassen. Gerade für das Radfahren wird die Bedeutung von Krafttraining diskutiert.[1] Aber auch für andere Ausdauersportler kann der Nutzen von Krafttraining mittlerweile für die Ausdauerleistungsfähigkeit als unumstritten gelten.[2] Ein weiterer wichtiger Aspekt in diesem Zusammenhang ist die Stabilisation der Körper- und Gelenkstrukturen, welche für Triathleten nicht nur als Verletzungsprophylaxe zu sehen ist[3], sondern auch die Bewegungsökonomie positiv beeinflusst.[4]

Aktuelle empirische Befunde zeigen, dass Fußballer während der Saisonvorbereitung, wenn der Trainingsumfang im Ausdauerbereich deutlich gesteigert wird, an Muskelsubstanz einbüßen, wenn nicht gleichzeitig auch ein Krafttraining betrieben wird[5]. Gleiches gilt für Läufer, die ihre Trainingsumfänge erheblich erhöhen[6].

In der vorliegenden Pilotstudie wurden 11 Ausdauersportler im Alter von 23,4 (±3) Jahren (davon 4 Triathleten) während ihrer zwölfwöchigen Wettkampfvorbereitung mit einer Bioelektrischen Impedanz Analyse (Tanita MC 180MA) begleitet. Der Körperfettgehalt, das viszerale Fettgewebe, die Muskelmasse sowie die Muskelmassesegmentierung wurden dabei erfasst. Es bestätigte sich die Annahme, dass eine Erhöhung der Trainingsumfänge im Ausdauerbereich vielfach einen Verlust von Muskelgewebe nach sich zieht, wovon sowohl die Rumpf- als auch die Beinmuskulatur betroffen sein kann. Analog zu den Befunden aus Untersuchungen mit Fußballern, die gerade in der Beinmuskulatur Substanzverluste erlitten, scheinen auch bei Ausdauersportlern insbesondere jene Muskelschlingen, welche in der jeweiligen Disziplin die entscheidende Antriebskraft aufbringen müssen, besonders vom Muskelabbau betroffen.

Positiv hingegen wirkt sich die Umfangserhöhung auf den Körperfettanteil aus, und zwar sowohl bezüglich des prozentualen Körperfettgehalts (-1,1%; ±1,5) als auch des viszeralen Fettgewebes (-0,5 im Scorewert; ±1).

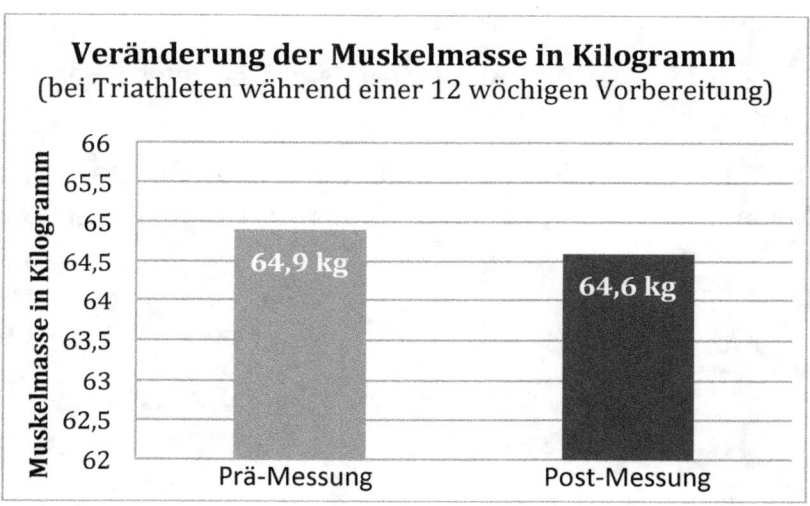

Literatur

[1] Wagner, A./Sandig, D./Mühlenhoff, S. (2010): Krafttraining im Radsport. München: Urban & Fischer.

[2] Aagard, P. & Andersen, J. L. (2010): Effects of strength training on endurance capacity in top-level endurance athletes. Scandinavian Journal of Science in Sports, 20 (2), 39-47.

[3] Gießing, J. & Schohl, M. (2009). Krafttraining für Fußballer? Aktuelle Untersuchungsergebnisse und Trainingspläne für die Praxis. Marburg: Tectum Verlag.

[4] Popović, S. (2011). Einfluss eines reaktiven Krafttraining auf die Laufökonomie und Laufleistung hoch trainierter

Mittel- und Langstreckenläufer. Universitätspublikation: Goethe Universität Frankfurt.

[5]Price, R.-G. (2008). Krafttraining für Triathleten. Betzenstein: Sportwelt Verlag.

[6]Schütz, U. & Billich, C. (2010). Bis an die Grenzen. Das Magazin der Deutschen Forschungsgemeinschaft. Forschung 2010; 25(2): 4-9.

Herstellung und Verlag:
BoD - Books on Demand, Norderstedt
ISBN 978-3-7357-8442-1

www.ingramcontent.com/pod-product-compliance
Lightning Source LLC
Chambersburg PA
CBHW071215240526
45470CB00018B/1867